獣医さんだけが知っている

動物園のヒミツ 人気者のホンネ

北澤 功・監修　犬養ヒロ・画

日東書院

目次

おわりに →P.126
キリン
→P.17
ライオン
→P.25
フクロウ
→P.113
シマウマ
→P.55
パンダ
→P.33
ニホンザル
→P.81
コウモリ
→P.119
トラ
→P.47
ツキノワグマ
→P.69

はじめに

僕は動物病院の獣医師として
犬や猫、うさぎなどを診ていますが
その前は長野市茶臼山動物園と長野市城山動物園の
獣医師として働いていました。

動物園ってちょっと見方を変えると
いままでの１００倍楽しくなるんです。
この本ではそのヒントをお伝えしたいと思います。

まず最初に、「全部見ないともったいない」
という考えを捨てること。
気になる動物だけを半日～１日見てみましょう。
群れの動物を見るときは
お気に入りの１頭を決めて見てください。
表情をじっくり楽しんだら、
次は、役割や順位を見てください。
その子と仲がいい子、悪い子はいるかな？
群れの中では偉そう？　弱そう？　など、
見ているうちに親近感がわいてくるはず。
自分に似たタイプの子を探すのもいいでしょう。

人間の友達作りのコツだって
動物から学べるかもしれません。

ときには、動物の体の一部だけを見てください。
そしてなぜこんな形になったのかを想像するのです。
たとえば、目だけに注目しても、
大きさ、位置、瞳孔の形などなど……。
あまりの違いにビックリです！
僕のおすすめは鼻。
長かったり短かったり、動物ごとにそれぞれで
不思議な形をしていて見飽きません。

それから、園内にある看板の中でも「手書き」看板は必見です。
「赤ちゃんが産まれました」などというニュースや
飼育員の伝えたい情報、ユニークな生態が
たくさん書かれているはずです。
また、飼育員にはどんどん話しかけましょう。
見た目が怖そうな人だって動物が大好きなやさしい人。
看板以上の楽しい話やその動物園だけの秘密が聞けるかも。

まずは何より、出かけることです。
本を持っていってらっしゃい！

北澤功

動物園の楽しみ方と本書の使い方

動物園はレジャー施設ですが、希少動物の保護・調査などをするところでもあります。動物園のスタッフは、みなさんに動物のおもしろいしぐさや体の不思議、生態（生き物が自然の中で生活する様子）を知ってもらおうと、日々努力をしています。観客であるみなさんもちょっと知識をつけてから出かけると、動物たちを通してさまざまなことが見えてくるはずです。

【動物の個体差について】

■掲載した動物の情報は、北澤功先生が実際に体験したことをベースにまとめています。動物は種類や性別、年齢、飼育環境などにより、体の特徴やしぐさが変わってきます。模様や顔など、どれをとっても同じ子はいません。その子の個性を楽しんでください。

【動物の習性について】

■動物園の動物には夜行性のものも多くいます。その場合、人間が活動する昼間はその動物にとっては夜。寝ているからといって大声で起こすのはやめましょう。無防備な寝姿を見ているのも楽しいものです。

【動物園を楽しむポイント】

■動物がストレスを感じないよう、大声を出さない、ガラスやオリをたたかない、カメラのフラッシュはオフにする、食べ物をあげないなど、最低限のマナーを守って楽しく観察しましょう。

■「えさの時間」に見学すると、動物がイキイキと活動する様子が見られるのでおすすめです。詳しい時間はスタッフに聞いてみるといいでしょう。

■お気に入りの動物園があるなら、「年間パスポート」を持つことがおすすめです。通常、１０００円～３０００円ぐらいで発行しています。

登場人物紹介

北澤 功 先生

現在は町の動物病院の院長だが、かつては動物園専属の獣医として大活躍していた。珍しい生き物を見るとつい飼いたくなる性格。いろいろな生き物に噛まれたりしながら動物の生態研究に没頭。

犬養ヒロ

本書のイラスト・漫画を担当。動物好きが高じて愛玩動物飼養管理士・ペット栄養管理士の資格を取得し、動物病院に勤めた経験もある。犬、猫、ハムスターに加え、保護したカラスを飼った経験まで。

やさしい目をして動物園イチの暴れん坊!

ゾウ
Elephant

ゾウは大きく分けるとアフリカゾウとアジアゾウの２種類。さらに、アフリカゾウの仲間にマルミミゾウという種類がいます。知っているようで知らないゾウの素顔、お見せします。

皮ふは厚く
細かなシワがある
器用な鼻
円柱型の太い脚
しっぽの先端に
剛毛が生えている

基本 DATA

【体長】
アフリカゾウ　6 ～ 7.5m
アジアゾウ　5.5 ～ 6.5m

【平均体重】
アフリカゾウ　7000kg
アジアゾウ　5000kg

【主な生息地（国）】
アフリカゾウ　アフリカ大陸のサバンナや森林
アジアゾウ　アジア大陸の森林

ゾウのこと、もっと詳しく見てみよう！

食事

食べる量は1日50～100キログラム！

飼育下では、牧草、青草、竹（★1）、ヘイキューブ（★2）、野菜、果物、食パンの耳などを与えます。体が大きいので、食べる量も膨大。性別や年齢によって違いますが、1日に食べる量は、重さにして50～100キログラムぐらい。甘いものが大好きだったり、好きなものから食べたりという意外な習性もあります。

排泄

ウンチは1日100キログラム！

食べる量が多ければ、当然、ウンチやおしっこもたくさんします。ウンチはバレーボールぐらいの大きさで1個2～3キログラム。これを1回5～7個出すので、1頭あたり1日100キログラム前後のウンチを出すことになります。

ゾウは盲腸が発達しています。食べたものは盲腸で発酵・消化され、反芻《はんすう》（★3）しないので繊維や未消化分もたっぷり。また栄養素も豊富に残っているので、昔は肥料としてリンゴ農家に分けていました。さらに、ウンチには植物を消化したあとのカス（繊維）がたくさん残っているので、ウンチから紙がつくれることも広く知られています。

おしっこの量は測ったことがありませんが、これも大量です。普段オスのペニスは隠れていて見えないのですが、おしっこのときはびよーんと伸びるため、そこもおもしろいポイントです。子供がみたら大喜びすること間違いなしです。

★1 茶臼山動物園ではレッサーパンダの余りものをあげていました。

★2 牧草を乾燥させたもの。キューブ型にしてあるのでこう呼ばれます。

★3 一度飲み込んだものを口の中に戻し、再度噛むこと。胃の中の微生物が食べたものの消化・吸収を助けると言われています。

語れるウンチク&おもしろデータ集

吉祥寺にご長寿ゾウがいる

『井の頭自然文化園』のはな子は69歳(2016年1月現在)。飼育下では40～50歳が平均寿命なので、とっても長生きです。ちなみに、野生にも100歳の個体がいるというウワサがあります。

お客さんにはやさしいけど動物園スタッフに厳しい

動物園スタッフを自分に命令する嫌な人だと思って、ものを投げるなど攻撃をしてくることがあります。飼育員はユニフォームを着ているのでわかりやすいですが、飼育員以外の事務員などもスタッフだと見破ることがあり、そうした場合も攻撃の対象となることがあります。

ゾウの鼻に骨はない

鼻はすべて筋肉でできていて、柔軟に動かすことができます。鼻の先には突起がありその突起を自由に動かすことで、小さなものをつかめるのです。

オスとメスとでキバの長さが違う

アフリカゾウのオスのキバは3メートルを超えることもあります。メスのキバは小さめでかわいらしいです。アジアゾウはオスでも小さめ。メスはキバ自体がないこともあります。

ゾウのおしゃべり(声)は人間には聞こえない

「パオーン」というラッパ音は鼻から出す音。実は口からもキイキイと音を出していますが、超低周波音のため人間には聞こえません。ゾウ同士、どんな会話をしているのか、想像しながら観察するのもおもしろいですよ。

寒いところで飼うと毛が伸びる

暖かいところに住んでいるため、体毛は薄いのですが、茶臼山のような寒いところで飼育すると体毛が濃く、長くなってきます。そういえば、漫画などに描かれるゾウの親戚のマンモスはフサフサの毛でおおわれていますね。

数十キロメートル先の音も聞こえる

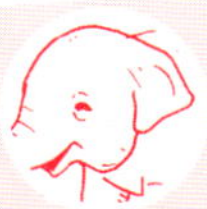

敏感な足の裏で遠くの音を感じ、それを耳まで伝達して聞き取ることができます。また、人間には聞こえない14～24ヘルツの超低音も聞こえるそうです。

ゾウ舎にて

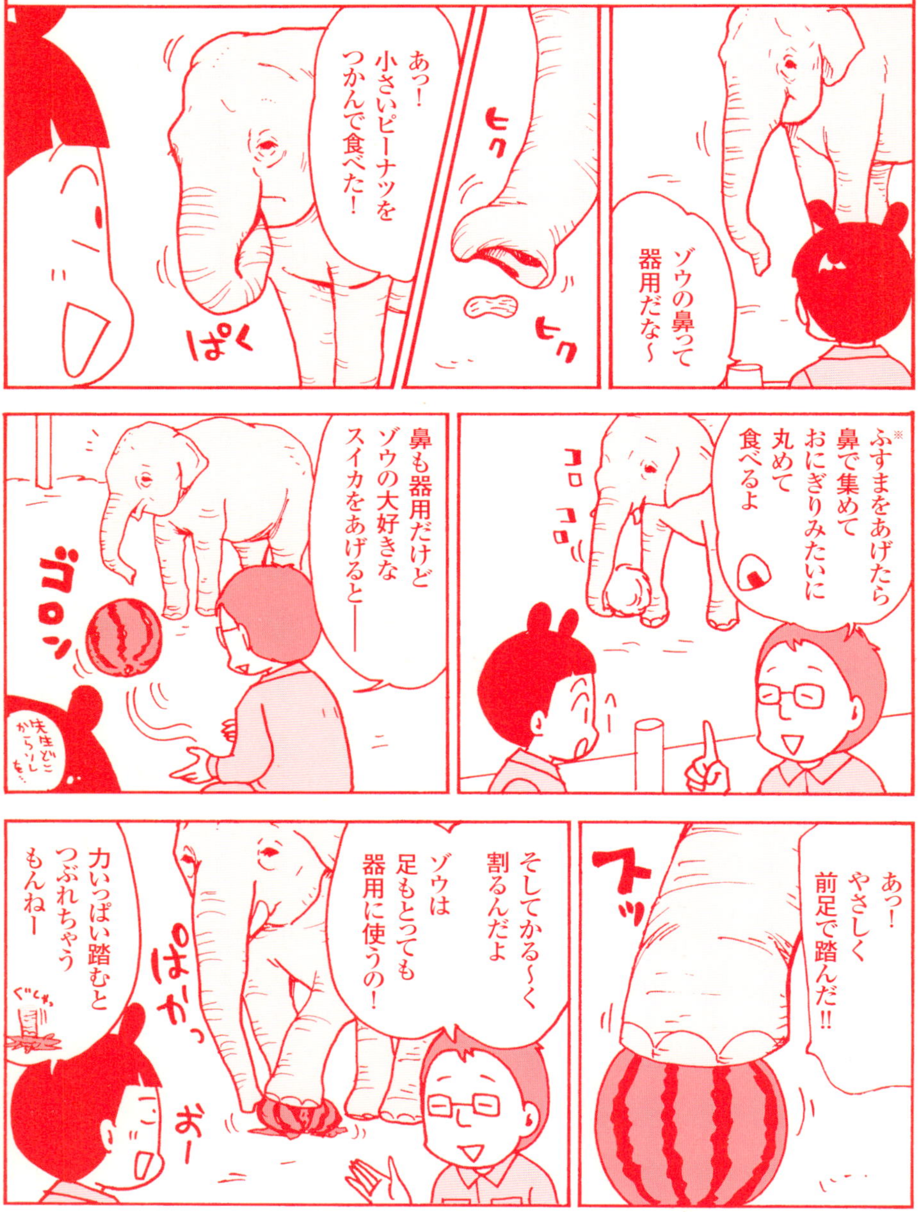
ゾウの鼻って器用だな〜
ピク
ピク
あっ！小さいピーナッツをつかんで食べた！
ぱく
※ふすまをあげたら鼻で集めておにぎりみたいに丸めて食べるよ
コロ
コロ
へー
鼻も器用だけどゾウの大好きなスイカをあげると——
ゴロン
先生どこからソレを…
あっ！やさしく前足で踏んだ!!
スッ
そしてかる〜く割るんだよ
ゾウは足もとっても器用に使うの！
ぱかっ
おー
力いっぱい踏むとつぶれちゃうもんねー
ぐしゃっ

※ふすまとは、小麦を挽いて粉にするときにできるくずのこと。

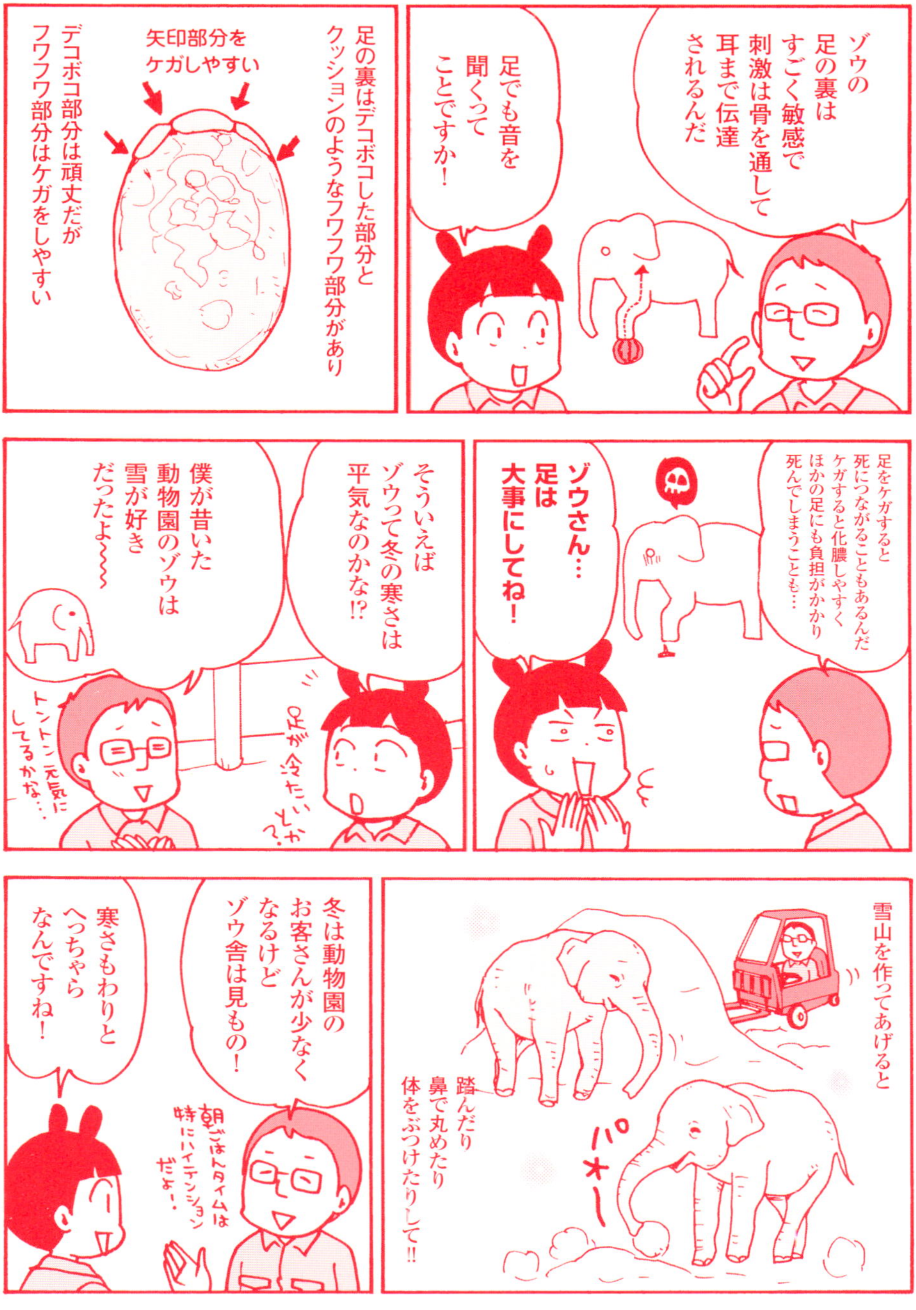
ゾウの足の裏はすごく敏感で刺激は骨を通して耳まで伝達されるんだ
足でも音を聞くってことですか！
足の裏はデコボコした部分とクッションのようなフワフワ部分があり
矢印部分をケガしやすい
デコボコ部分は頑丈だがフワフワ部分はケガをしやすい
足をケガすると死につながることもあるんだケガすると化膿しやすくほかの足にも負担がかかり死んでしまうことも…
ゾウさん…足は大事にしてね！
そういえばゾウって冬の寒さは平気なのかな!?
足が冷たいとか？
僕が昔いた動物園のゾウは雪が好きだったよ〜〜
トントン元気にしてるかな…
雪山を作ってあげると
踏んだり鼻で丸めたり体をぶつけたりして!!
パオー
冬は動物園のお客さんが少なくなるけどゾウ舎は見もの！
朝ごはんタイムは特にハイテンションだよー！
寒さもわりとへっちゃらなんですね！

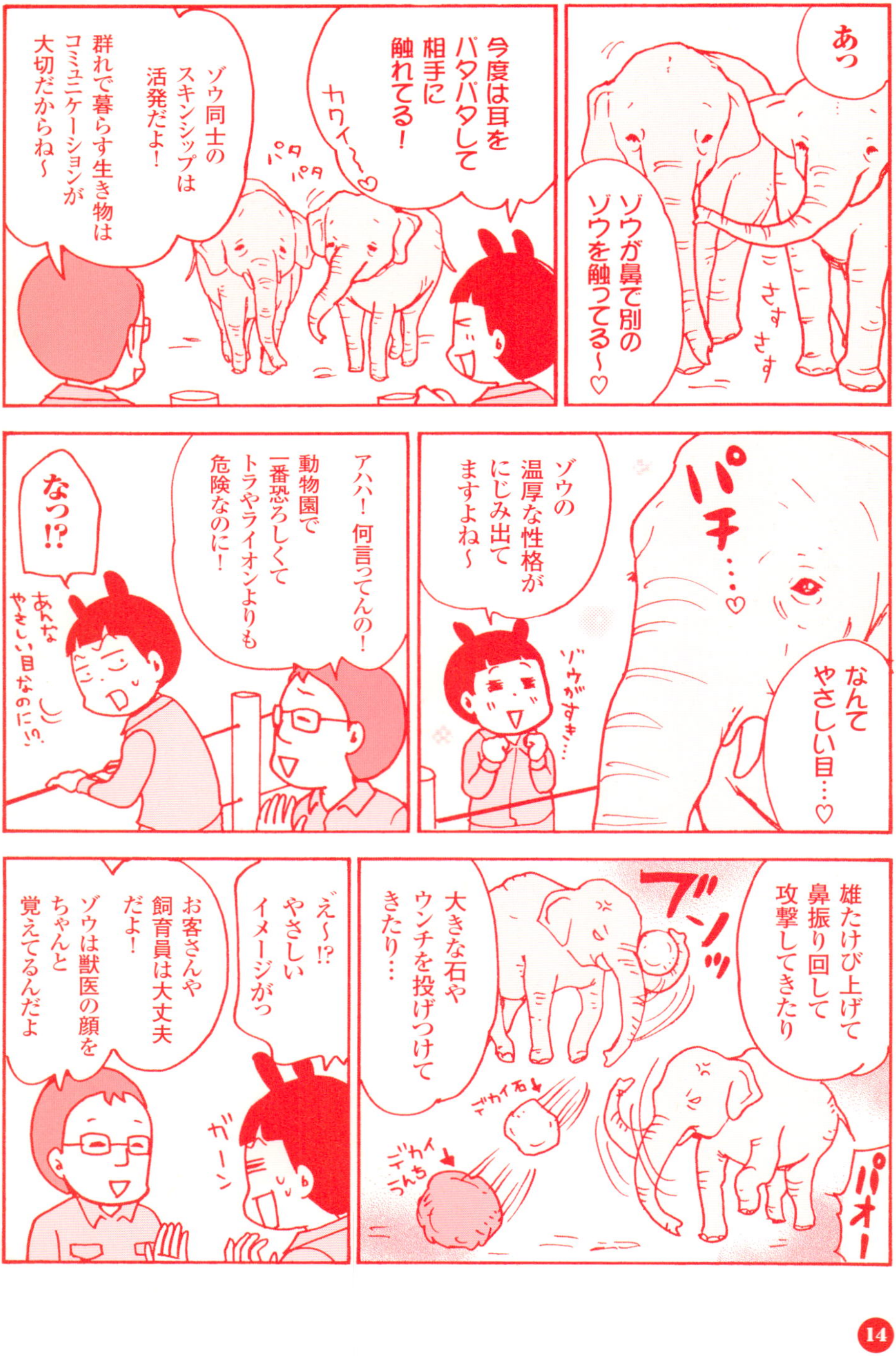
あっ
ゾウが鼻で別のゾウを触ってる～♡
さすさす
今度は耳をパタパタして相手に触れてる！
カワイ～♡
パタパタ
ゾウ同士のスキンシップは活発だよ！
群れで暮らす生き物はコミュニケーションが大切だからね～
ゾウの温厚な性格がにじみ出てますよね～
パチ…♡
なんてやさしい目…♡
ゾウがすき…
アハハ！何言ってんの！動物園で一番恐ろしくてトラやライオンよりも危険なのに！
なっ!?
あんなやさしい目なのに!?
雄たけび上げて鼻振り回して攻撃してきたり
ブンッ
大きな石やウンチを投げつけてきたり…
デカイ石
デカイうんち
パオー
え～!?やさしいイメージがっ
ガーン
お客さんや飼育員は大丈夫だよ！ゾウは獣医の顔をちゃんと覚えてるんだよ

やっぱり治療とか嫌なことをする人だからですかね？
ゾウは賢いからね〜〜〜
ウン
治療は知恵比べよ〜
オス♂
メス♀
特にオスゾウは気性が荒くて飼いにくいから
昔の日本の動物園にはメスしかいなかったんだよ
→いつもやさしい
→年に数回キレる
今はオスとメスがいる動物園もありますよね！
野生のゾウを新しく入手するのは難しいから最近はペアで飼って繁殖に期待してるんだ！
パオ〜ン
ゾウを見るときには性別にも注目ですね！いつかゾウの赤ちゃんを見てみたい〜〜〜
キャ♥
母子象
でも日本でのゾウの繁殖例はとても珍しくて
交尾のきざしがあっても成功しないことが多いんだよ
つーん
オスがメスの糞のにおいをかぐのは発情の徴候！ゾウの行動を観察してみてね！
瞳の奥まで観察します！
ハイ!!
ゾウ舎★見どころ
◎器用な鼻
◎ゾウ同士のスキンシップ
◎性別の違い

Zoo Column

選ばれしスター飼育員、それはゾウの飼育員である！

動物園の獣医時代、ゾウには何度も水をかけられたり、石を投げつけられたりしました。とはいえ、気性の荒いオスは同じ空間に入らない「間接飼育」のため、大事故にはなりませんでした。ちなみに、ライオンやトラも間接飼育を行います。

ただ、ゾウのメスはオリの中に入る「直接飼育」を行うこともあります。メスはオスよりおだやかな性格なので、直接体に触ったりしながら確実な診療ができるのです。ただし、飼育員の事故も起きやすいという問題もあります。

そうした理由から、ゾウの飼育員は一人前になるまでに数年かかるため、ほかの動物に比べ担当者の異動が少ないです。欠員があったときなどは、次の担当に指名されるのでは？　とみんなドキドキしています。ただし、ゾウとの相性や能力の差が出やすいゾウの飼育員は誰でもできるわけではないので、周りから一目置かれる存在です。経験も必要ですが、若い飼育員でもナンバーワンキーパー（飼育員）になれる可能性もあるので、野心を持っている人は少なくありません。

ゾウの飼育員を見かけたら、心の中で声援を送ってあげてください。

長〜い首をムチのようにしならせて戦う！

やさしそうに見えるのに
メスをめぐる戦いは命がけ。
オス同士は首を振り
ぶつけ合って戦います。
戦いに決着がつかないと
オス同士でまさかの展開に！

キリン
Giraffe

模様は種類、季節、健康状態により変わる
首は長いが骨（頸椎）は人間と同じ7個
後ろ脚より前脚のほうが長い

基本 DATA

【体高】
3.8 〜 4.7m

【体重】
600 〜 1900kg

【主な生息地（国）】
アフリカ

キリンのこと、もっと詳しく見てみよう！

体

長い首はいいことだらけ。でも、水を飲むのは大変！

キリンは、現在存在する動物の中でもっとも背が高い種類です。脚も長いですが、なんといってもあの長い首が特徴。しかし、首の骨（頸椎《けいつい》）の数は、私たち人間と同じ7個。キリンの場合は、ひとつひとつの骨が長いのです。赤ちゃんキリンでも頭のてっぺんから足の裏までで約2メートル。生まれたときからすでに飼育員や獣医よりも大きいため、人工保育（★1）の場合は、飼育員や獣医が脚立に乗り両手で哺乳瓶を持ち上げて哺乳します。1回で3リットル以上飲むので哺乳瓶を支えるのが大変。

また、背の高さは高いところにあるえさを取れるという利点がある反面、低いところにある水を飲むのが大変という欠点もあります。水を飲むときは、前足を広げて体を低くするのですが、キリンは心臓から長い首の先にある頭まで血を送るため高血圧です。頭を下げたときに血が逆流しないような特別な弁（★2）があります。

声

夜のキリンの鳴き声を聞いてみよう

鳴き声はほとんどなく、キリンのオリの周りは静かなものです。ですが、よーく耳を澄ましていると、たまに鼻を鳴らす感じで「モー」と音を出しているのがわかります。夜になるとハミングのような音を出し、仲間同士でコミュニケーションをとることも。ナイトズーなどに行く機会があったら、キリンの夜の声を聞いてみてください。

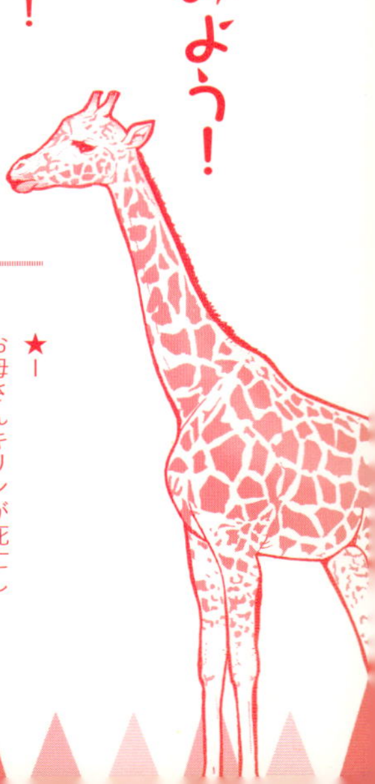

★1
お母さんキリンが死亡した場合などは飼育員や獣医がチームを組んでキリンの赤ちゃんを育てます。

★2
血液が心臓に向かって流れるように開く扉のようなもの。

語れるウンチク & おもしろデータ集

キリンのツノは5本ある

キリンのツノは2本だと思っている人は多いですが、実は5本。オスもメスもツノを持っていますが、戦う機会が多いためオスのほうが発達しています。ツノは骨化しており、皮ふに覆われています。

回し蹴りも得意技

オスは首同士をムチのようにしならせて、メスをめぐって争いますが、長い脚を使った回し蹴りも繰り出します。新入りのオスに対して、古参のオスが力を見せつけるときなどに見られることがあります。

キリンは法律上ペットとして飼育できる

法律では、キリンは日本の家庭で飼育できる最大の動物です。とはいえ、値段、えさ代、飼育場所などの問題から、ペットとして飼われた例はありません。また、輸入時に検疫も必要です。

キリンの唇はやわらかい

キリンの唇はかたいのに動きは意外とやわらかく、そのなめらかな動きは必見です。キリンのえさやり体験ができる動物園もありますが、唇は敏感な場所なので、信頼関係がなければ触ることができません。

キリンは鳩を食べる

キリンは草食動物ですが、ときどき鳩などの鳥を食べるところが目撃されています。動物園では栄養バランスのよいえさを十分に与えていますが、遊び感覚で鳥を追いかけているうちに飲み込んでしまうことがあるのでしょう。

キリンの輸送はとても大変

キリンは足を曲げて座らないので、輸送時も立ったままの状態。長い首を少し寝かせて入れる専用の輸送箱や、道路の高さ制限に配慮し車高を下げた低床トレーラーなどを使い、工夫して運んでいるそうです。

舌は長くて紫色

木の葉っぱが大好物で、舌を使って枝から葉をこそぎ取って食べます。舌は長く、紫色。血流が少ないからとも言われています。えさの時間には要チェックです。

キリン舎にて

まつ毛長～い！
パッチリ
キリンの瞳はやさしそうだ～
あっ先生！
なんでまつ毛が長いと思う？
う～んゴミが目に入らないようにするため？
もしくはモテるためとか？
アハハ！確かにキリンはオス同士でもイチャイチャするからね！オス同士のペアが70%を超えるというデータがあるんだよ
ズッ
カップルの70%が男同士!?
キリンのオスはメスを巡って激しい争いをしますが
オレの女だ！
ガッ
メス
ゴッ
オレの女だー！
決着がつかないと――
コイツやるな…
ゼイ
ゼイ

今まで争っていた
オス同士が
スススー…
オマエ
いい根性
してんじゃ
ねーか…
オマエこそ
たいした
もんだぜ…
お互いにやさしく
スキンシップを取りはじめる――
それって
恋!?
いや
ケンカの興奮を
性的な興奮と
錯覚するんじゃ
ないかな~
じゃあやっぱり
あの長いまつ毛は
異性を誘惑
するために…!?
まつ毛はアフリカの
強い太陽光線から
目を守るため
だから!
アハハ
あ、同性か?!
じゃあどっちが
オスかメスか
わかる?
体の
大きいほうがオスで
小さいほうがメス
ですよね!
それ以外にも性別の
違いが出る
ポイントがあるよ!
うーん ツノかな?
でもオスにもメスにも
ついてるしな~
正解は頭の
ゴツゴツ!
ココ

オスの頭は年を取るごとにゴツゴツしてどんどん大きくなるんだ！
子ども
大人
目の上からおでこにかけて特に発達するから顔がデコボコしてるでしょ！
なんでそんなトコ発達するんだろう〜〜〜？
ヤな発達だな…
それは戦いのとき脳を守るため!!
その結果頭がメスの倍もの重さになることもあるんだよ
メス
オス
じゃあ長寿のオスの頭はすごく重い…？
首が上がらねえ〜
そこまではなんないから!!
そんなのヨーカイだよ
さてキリンの首がなんで長いかは知ってるよね？
そのぐらいは知ってますよ〜高いところにあるえさを食べるためですヨ
バカにして〜
正解！オスとメスは体長が違うからえさを取る高さが違うんだ！
だからえさを巡って争わなくてすむんだよ
よくできてるな〜〜〜

じゃあオス同士はやっぱり争い合うんですか!?
激しいよ! 首をムチのようにしならせてぶつけ合うんだ!
オスキリンの闘い
ガッ
でも最終的にはカップルになる…と
うん オス同士なのにね
そんなキリンは首が長いから心臓から3メートルも高い位置に脳があるんだよ!
脳
3m
心臓
じゃあ脳に血液を送るのも大変でしょうね!?
キリンの血圧は上が260、下が160ぐらいだね〜
人間の平均って85〜130ぐらいだからキリンってば高血圧なんですね!!
だからキリンの脚は脳まで送った大量の血液が下がっても大丈夫なように皮ふがかたく締まっているんだ!
ギュ〜ッ
それってこのむくみ防止サポーターと同じ原理じゃないですか!!
ホラ このように!!
あ…うん
そう…なのか?
キリン舎★見どころ
◎オス、メスの違い
◎頭のゴツゴツ
◎締まった脚

Zoo Column

キリンの出産は命がけ。そこに、ドラマと涙がある。

キリンは背が高いので、赤ちゃんは高い位置から落ちるようにして産まれます。そのため、飼育員は出産が近づくとお母さんキリンの周りにわらや牧草を敷き詰めます。それは、赤ちゃんキリンが立つときに踏ん張るための“すべり止め”としての機能も果たします。

また、お母さんのおっぱいも高い位置にあるため、赤ちゃんは生まれてすぐに立ち上がろうとします。ですが、ヨタヨタでなかなか力が入りません。お母さんも赤ちゃんを支えます。僕たちは、お乳が出ているか？　うまく飲めているか？　ということを、赤ちゃんの首の動きと、近くで聞こえる“ごくごく音”で確認します。

以前、出産時にお母さんキリンが脚を広げて踏ん張ったときに滑って転び、腱《けん》を傷めて立てなくなったことがありました。お母さんキリンは頭を振って勢いをつけて立とうとして、何度も何度も頭を振りました。壁にぶつけ頭は傷だらけ、顔は腫れ上がって……。その状態で頭を下げると、高血圧のため一気に出血してしまいます。僕たちは、頭を支え続けましたが、重い体は長時間座るようにできていません。床ずれで皮ふは傷つき感染が起こり、内臓にも負担がかかり呼吸は不安定。最終的にお母さんは亡くなりましたが、赤ちゃんは人工保育で僕が育てました。このようにキリンの出産は命がけなのです。

姿、生きざまのかっこよさは地球最強レベル

ほかの動物を襲って食べる肉食動物なのに
動物園ではのんびり・まったり寝てばかり。
ですがこの姿こそライオンの“リアル”なのです！

ライオン
Lion

オスには
フサフサの
たてがみがある
長く鋭いキバ
被毛は淡い黄褐色

基本 DATA

【体高】
1.7 ～ 2.5m

【体重】
150 ～ 250kg

【主な生息地（国）】
アフリカ、南アジア

ライオンのこと、もっと詳しく見てみよう！

行動

百獣の王なのにえさにありつけない日々

ライオンは、完全肉食性で、野生ではスイギュウなどを狩って食べます（★1）。とはいえ、いつも狩りに成功するわけではなく、2～3週間何も食べられない絶食状態で暮らすことも少なくありません。そのため、動物園でもライオンにえさをあげない「絶食の日」を作ることも。毎日ものを食べると、逆に腎臓に負担がかかるからです。また、あまり知られていませんが、狩りはメスの仕事。ネコ科の動物は基本的に単独行動ですが、ライオンだけは群れで行動します。

日常

省エネモードで暮らす動物の王様

日本では動物園のほか、サファリパーク（動物を放し飼いに近い形で展示し、観客は車で巡回する動物園）でライオンを見られます。しかし、せっかく見に行ってもライオンは1日のほとんどを寝て過ごしています。無駄に動いてエネルギーを使いすぎないようにするためです。「寝てばかりでつまらない！」などと言わず、足の裏など、寝ているときしか見られない観察ポイントは多数あるのでぜひ注目してみて。高いところで寝るのが好きなので、飼育員は木を組んで高床のベッドを作っていたりします。高いところで寝ているライオンを下から見上げるのは迫力があるので必見です。また、ホームページで赤ちゃん情報をチェックしてから出かけるのもおすすめ。強いライオンでも、赤ちゃんはぬいぐるみのようにフワフワでかわいらしいですよ（★2）。

★1
ネズミのような小さな動物からゾウのような大型動物まで、ほとんどの動物を食べます。

★2
メスの妊娠期間は約108日。メスには4個の乳首があり、1回の出産で2～4頭の赤ちゃんが産まれます。

語れるウンチク & おもしろデータ集

寝るときは無防備で 狩りのとき以外は平和的

ライオンは寝ている間に敵に襲われる心配がほとんどないため、熟睡できます。また狩りのとき以外は、無駄な争いをせず、ゾウやサイに追い立てられて場所を譲ることもあるそう。

子育ても集団で行う

同じ群れのメスは同じ時期に出産するため、生まれた子供たちは群れのあらゆるメスの母乳を飲んで育ちます。母親も、どれが自分の子かを正確に把握していないのではないかといわれています。

アジアにもライオンがいる

アジアライオン（インドライオン）と呼ばれる種類がインド北西部にわずか数百頭だけ生息しているといわれています。アフリカのライオンよりも小型で、オスのたてがみも小さめです。

犬の病気が ライオンにもうつる!?

犬などがかかる伝染病ジステンパー。タンザニアの国立公園でライオンがこの病気に感染し、激減したことがあります。

オスはたてがみが 黒いほどモテる

子どものころはたてがみがありませんが、性成熟とともにたてがみが生えてきます。その後、個体差はありますがたてがみの色が黒くなっていきます。オスのライオンのたてがみは、テストステロンという男性ホルモンと関係があり、このホルモンが多いほどメスに選ばれる率が高くなる傾向があります。

強そうなオスほど 年を取ると貧相に……？

体格がよく強いオスライオンも寄る年波には勝てません。年を取ってもガオー！　という咆哮《ほうこう》（大声でほえること）は変わらずにやりますが、歯がすっかり抜けたおじいさんライオンがやると気の毒ながら、とてもおもしろいです。また、体重が100kg を切ることもあり骨と皮だけになりますが、顔の大きさは変わらないので、組い体と大きな顔のミスマッチもユーモラスです。野生では淘汰される年寄りライオンも動物園だから見られるのです。

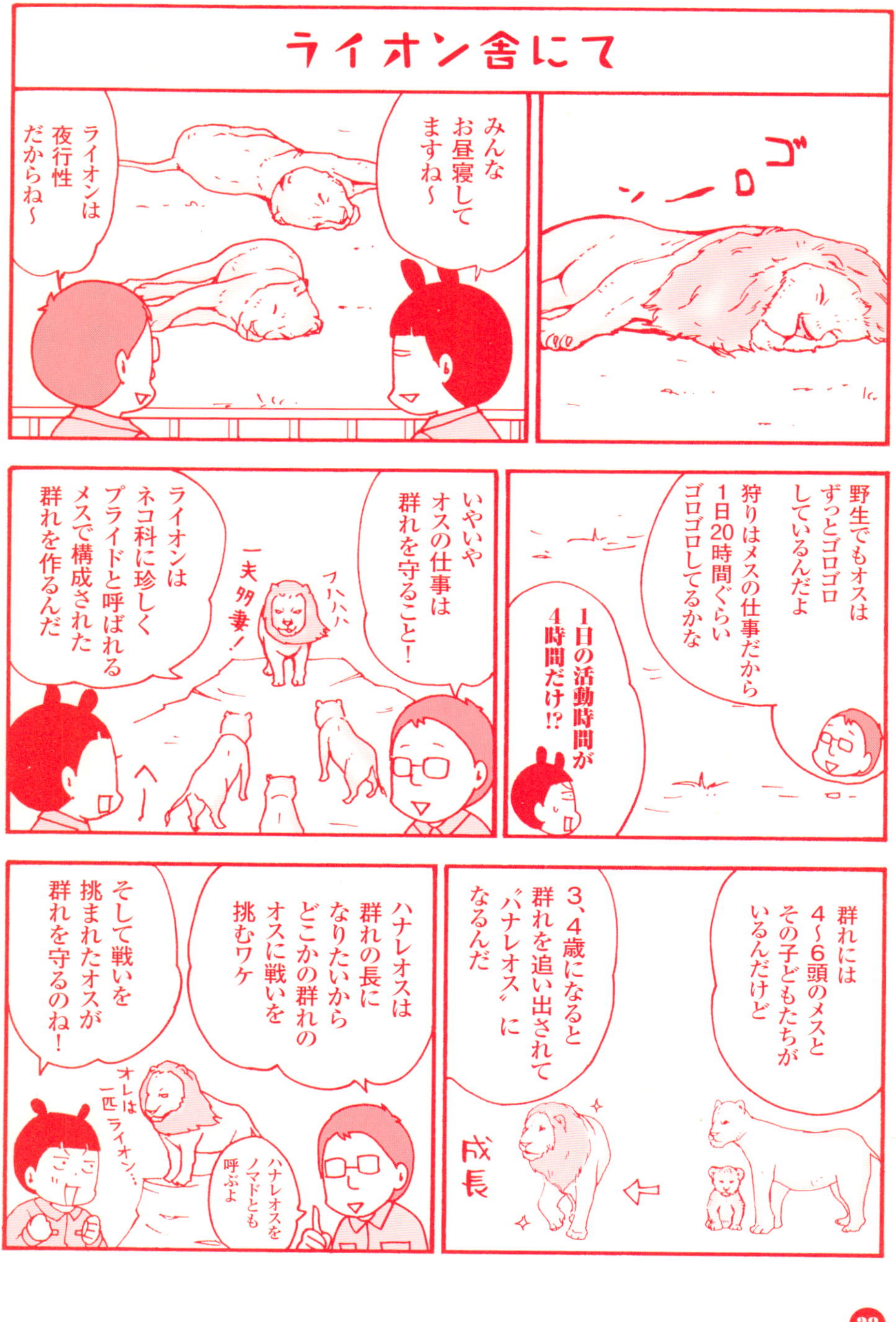
ライオン舎にて
ゴローン
みんなお昼寝してますね〜
ライオンは夜行性だからね〜
野生でもオスはずっとゴロゴロしているんだよ 狩りはメスの仕事だから1日20時間ぐらいゴロゴロしてるかな
1日の活動時間が4時間だけ!?
いやいやオスの仕事は群れを守ること!
フハハハ
一夫多妻!
ライオンはネコ科に珍しくプライドと呼ばれるメスで構成された群れを作るんだ
へー
群れには4〜6頭のメスとその子どもたちがいるんだけど
3、4歳になると群れを追い出されて〝ハナレオス〟になるんだ
成長
ハナレオスは群れの長になりたいからどこかの群れのオスに戦いを挑むワケ
そして戦いを挑まれたオスが群れを守るのね!
オレは一匹ライオン…
ハナレオスをノマドとも呼ぶよ

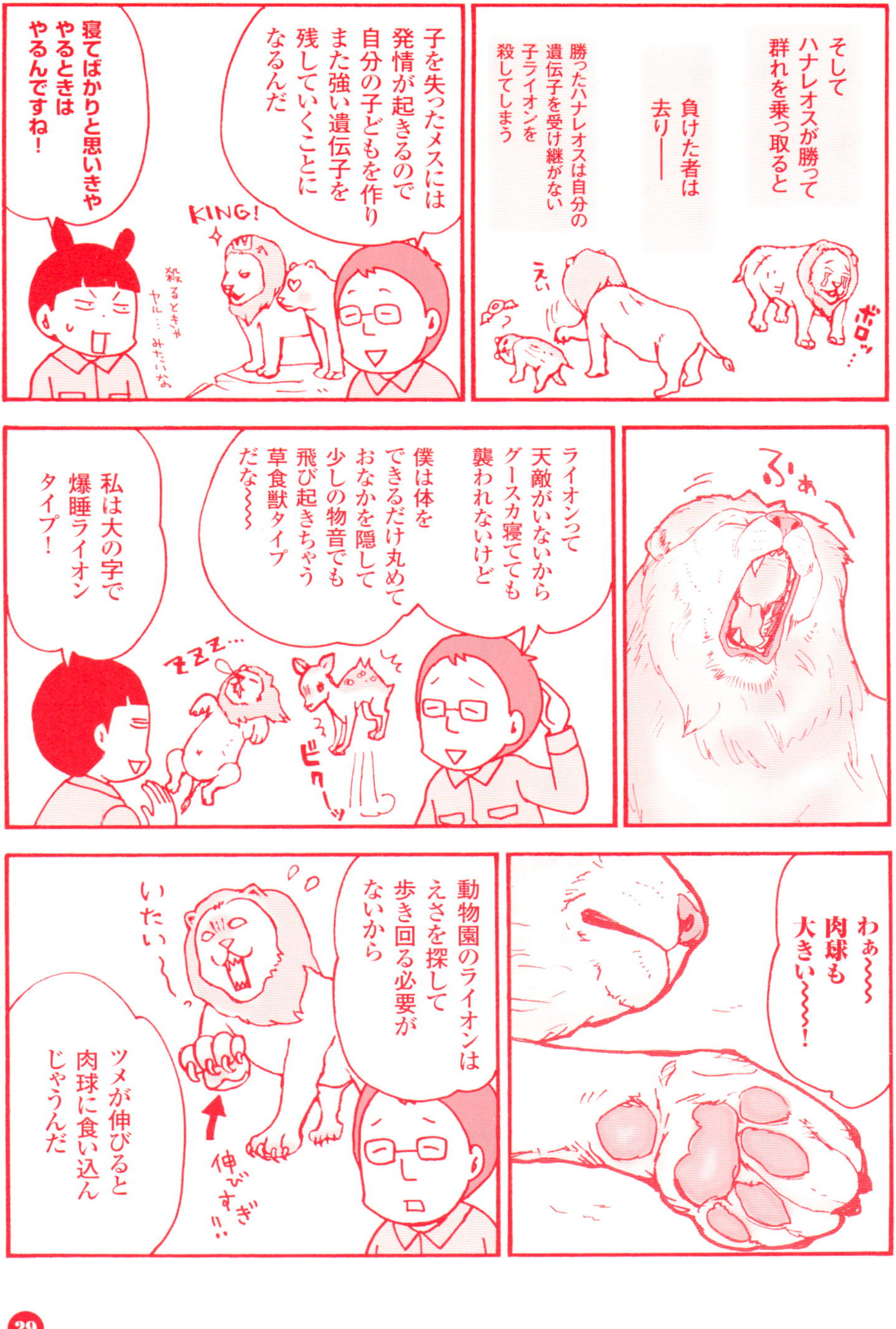
そして
ハナレオスが勝って
群れを乗っ取ると
負けた者は
去り――
勝ったハナレオスは自分の
遺伝子を受け継がない
子ライオンを
殺してしまう
ボロッ…
えい
子を失ったメスには
発情が起きるので
自分の子どもを作り
また強い遺伝子を
残していくことに
なるんだ
KING!
殺るときゃ
ヤル… みたいな
寝てばかりと思いきや
やるときは
やるんですね！
ふぁ
ライオンって
天敵がいないから
グースカ寝てても
襲われないけど
僕は体を
できるだけ丸めて
おなかを隠して
少しの物音でも
飛び起きちゃう
草食獣タイプ
だな～～
ビクーッ
ZZZ…
私は大の字で
爆睡ライオン
タイプ！
わぁ～～
肉球も
大きい～～～！
動物園のライオンは
えさを探して
歩き回る必要が
ないから
いたい～～っ
伸びすぎ!!
ツメが伸びると
肉球に食い込ん
じゃうんだ

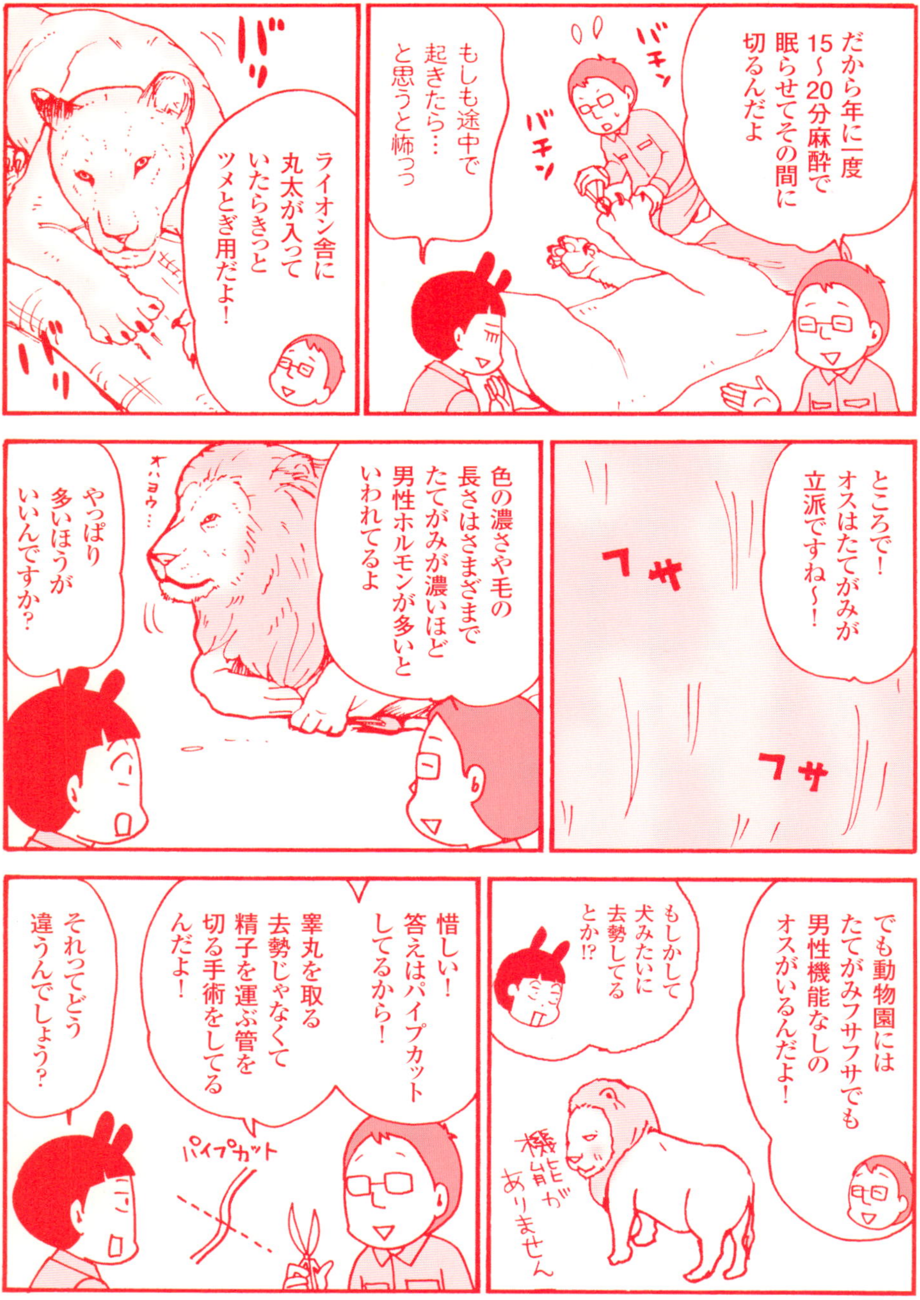
だから年に一度15～20分麻酔で眠らせてその間に切るんだよ
バチン
バチン
もしも途中で起きたら…と思うと怖っっ
ライオン舎に丸太が入っていたらきっとツメとぎ用だよ!
バリ
バリ
ところで!オスはたてがみが立派ですね～!
フサ
フサ
色の濃さや毛の長さはさまざまでたてがみが濃いほど男性ホルモンが多いといわれてるよ
オハヨウ…
やっぱり多いほうがいいんですか?
でも動物園にはたてがみフサフサでも男性機能なしのオスがいるんだよ!
もしかして犬みたいに去勢してるとか!?
機能がありません
惜しい!答えはパイプカットしてるから!
睾丸を取る去勢じゃなくて精子を運ぶ管を切る手術をしてるんだよ!
パイプカット
それってどう違うんでしょう?

昔は睾丸を取る手術が主流だったんだけど取るとたてがみが貧弱になっちゃうの！
私は薄毛…
やっぱりたてがみは立派なほうが見応えありますもんね
そう！だから昔勤めてた動物園では僕がパイプカットしたからみんなたてがみフッサフサ～♪
ドキ
ドキ
はじめて手術したときは緊張したな～～～
犬や猫の手術とはやっぱり全然違うんですか？
ライオン
ネコ
そりゃ何十倍も大きいからね
ライオンは年中繁殖可能だから
日本でも子どもがたくさん産まれるんだ！
でももらい手がつきにくいからパイプカットして繁殖制限するんだよ
動物園では増やしすぎない減らしすぎないよう管理してるんですね～
知らなかった～
ライオン舎★見どころ
◎大きな肉球
◎鋭いツメ
◎立派なたてがみ

Zoo Column

ライオンはもともと白かった？

白いライオンが主役のアニメがありますが、現実にも白いライオンは存在します。世界中に、白いライオンは現在300～400頭ほど動物園で飼育されています。野生ではアフリカに生息し、神の使いといわれていました。南アフリカには群れも生息していました。白いライオンは、足や顔に黒い部分が見られることから、色素の欠落による突然変異（アルビノ）ではないことがわかります。体色は真っ白ではなく、実はアイボリーに近い白。目も赤くありません。また、複数頭が群れを作っていたことから、少数だけが突然変異で白くなったというわけでもなさそうです。また、白いライオンはとても強いといわれています。白は目立つため狩りがしにくいのに、ちゃんと生き延びてきたことからもわかります。そもそも、ライオンは氷河期から生息していたため、北極のシロクマのように白いほうが敵から見つかりにくく、生活がしやすかったはず。これらのことから、ライオンはもともとは白かったのかも？（僕の想像です）

それなのに、2万年前から姿を変えずに生き延びていた白いライオンがあまりにも魅力的な姿であるために、人間により狩られて野生ではいなくなってしまいました。残念なことです。

温厚だけど、竹にはうるさい美食家

パンダ
Panda

パンダは動物園のアイドル。寝ても起きても
かわいいパンダが、もっと好きなる
とっておきの観察ポイントを伝授します。

親指側に
“6本目の指”
がある
大人の体毛は
ゴワゴワ
前脚の筋肉が発達
しっぽは白色

基本DATA

【体高】
1.6 ～ 1.9m

【体重】
70 ～ 125kg

【主な生息地（国）】
東アジア

パンダのこと、もっと詳しく見てみよう！

分類

トップレベルの人気のわりに、分類は謎！

パンダが何科に属するかについて、長らく論争がありますが決着していません。「クマ科」「アライグマ科」「ジャイアントパンダ科」など、いろいろいわれてきました。ちなみに2015年11月時点で日本でパンダを飼育しているのは、アドベンチャーワールドと神戸王子動物園、上野動物園の3園。アドベンチャーワールドと神戸王子動物園ではジャイアントパンダ科、上野動物園ではクマ科に分類しています。

最近は遺伝子的にはクマに近いことがわかっています（★1）。ですが、クマとは違い、パンダはほとんど肉を食べません。進化の過程で肉のうまみを感じる機能が退化したのではないかなどと考えられています。

性格

フレンドリーな性格で人になれやすい

パンダは自然界でも警戒心の少ない動物ですが、人工保育で育てるとさらにフレンドリーな性格になります。そのため、動物園生まれの子は人を怖がりません。また、新しい場所にもすぐなれる適応能力の高さもあります。

また、好奇心も旺盛で、大人になっても遊びが大好き。すべり台を入れると、長い間楽しそうに遊んでいます（★2）。またお母さんパンダと子どもパンダとで飼育していると、普通は子どもがお母さんにじゃれつきそうなものですが、パンダの場合は逆です。

★1
生物が進化してきた道筋を明らかにする「遺伝子解析」などの手法で研究がなされています。

★2
斜面をゴロゴロ転がったり、笹に乗って雪すべりをしたりと、すべる遊びが好きなパンダは多いです。理由は不明ですが、楽しんでやっているのはたしかです。

語れるウンチク&おもしろデータ集

毛は白黒でも地肌はピンク色

パンダの地肌はピンク色です。黒い毛の部分をかき分けてみてもピンク色。赤ちゃんパンダの色もまだ毛が生えていないのでピンク色。大人になっても地肌の色はこの色なのです。

赤ちゃんはわずか100～200gの超未熟児

パンダの赤ちゃんはハツカネズミぐらいの大きさで、非常に未成熟な状態で産まれてきます。お母さんは100kgを超えるため、つまりその1000分の1の大きさということに。私たち人間に例えると、50kgの母親が50gの赤ちゃんを産むということです。そのためか、生まれて1週間で60～70%が死んでしまうというデータがあるそうです。

出産するとたいてい双子

一度の出産で赤ちゃんは2頭産まれることが多いですが、お母さんは最初に産まれた1頭しか育てません。また、最初に産まれた子のほうが体も大きいです。そのため、飼育員は赤ちゃん2頭を順番にお母さんパンダに渡し、母乳を与えてもらいます。

パンダはグルメで大食漢

えさは毎日20kgの竹に、リンゴ2個、ニンジン3本、葉食性サル用ペレット400g。毎日すごい量を用意しなければなりませんが、好みがうるさいので半分くらいは食べ残します。大きなトラックで採ってきた竹は、すぐに冷蔵庫へ。管理にも気を遣います。

昔のえさは“中国秘伝のパンダ団子”

日本に入ったばかりのころのえさは、中国から教わったパンダ団子と少量の竹でした。パンダ団子とは米粉やニンジン、卵などをこねて蒸したもの。しかし、これだとウンチがやわらかくなりすぎるなどの問題があったため、竹を中心にするとみるみる健康になりました。

パンダのウンチは竹の香り

消化管が短く消化機能が弱いため、竹を食べても効率よく消化できません。食べた竹は20%ほどしか消化されず、残りのほとんどは未消化でウンチとして排泄されます。消化できなかった竹がそのまま出てくるので、ほぼ竹そのものの香りです。

パンダ舎にて

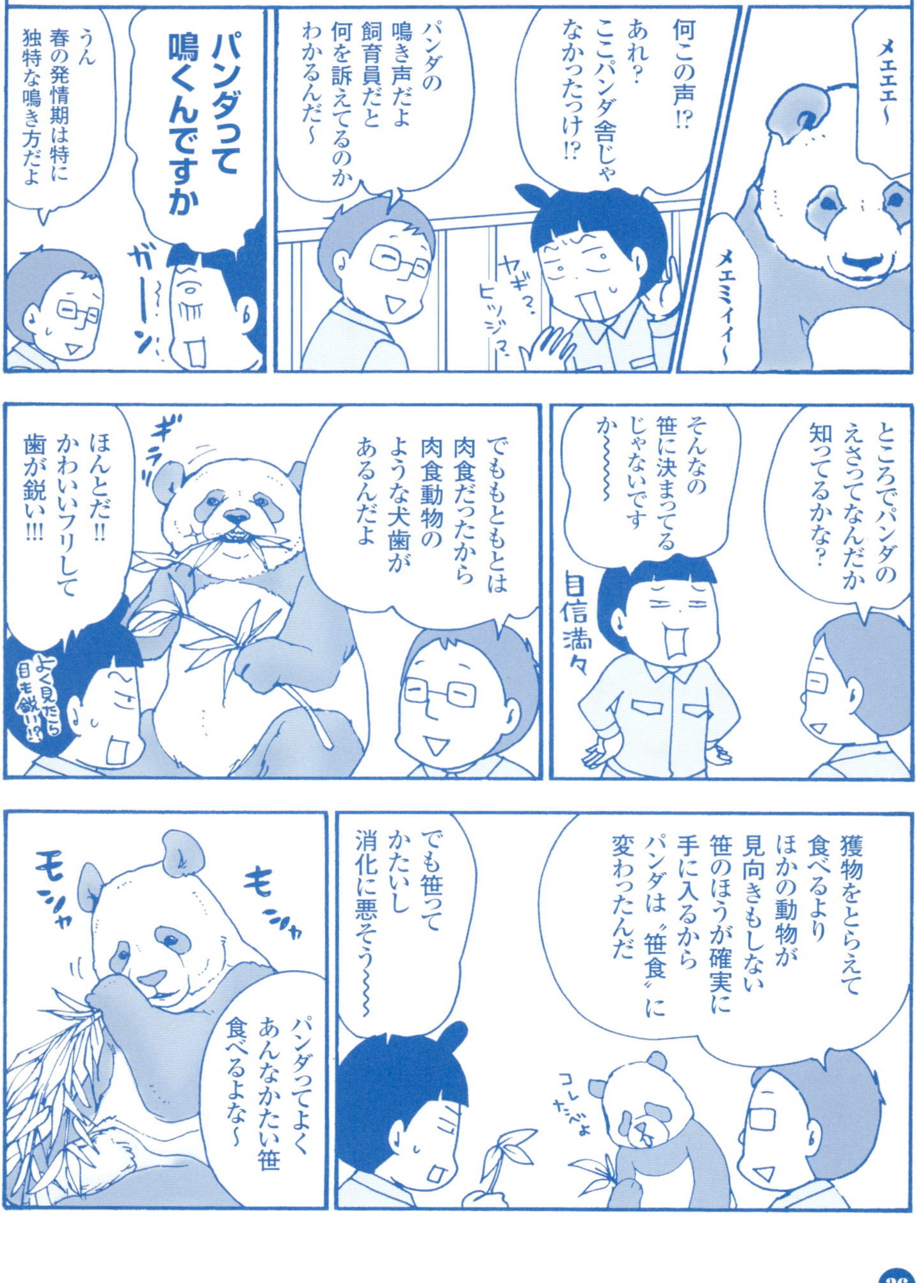
メエエエ〜
メエミイイ〜
何この声!? あれ? ここパンダ舎じゃなかったっけ!?
ヤギ? ヒツジ?
パンダの鳴き声だよ 飼育員だと何を訴えてるのかわかるんだ〜
パンダって鳴くんですか
ガーン
うん 春の発情期は特に独特な鳴き方だよ
ところでパンダのえさってなんだか知ってるかな?
そんなの笹に決まってるじゃないですか〜〜〜
自信満々
でももともとは肉食だったから肉食動物のような犬歯があるんだよ
ギラッ
ほんとだ!! かわいいフリして歯が鋭い!!!
よく見たら目も鋭い!?
獲物をとらえて食べるよりほかの動物が見向きもしない笹のほうが確実に手に入るからパンダは“笹食”に変わったんだ
コレだよ
でも笹ってかたいし消化に悪そう〜〜〜
モシャ
モシャ
パンダってよくあんなかたい笹食べるよな〜

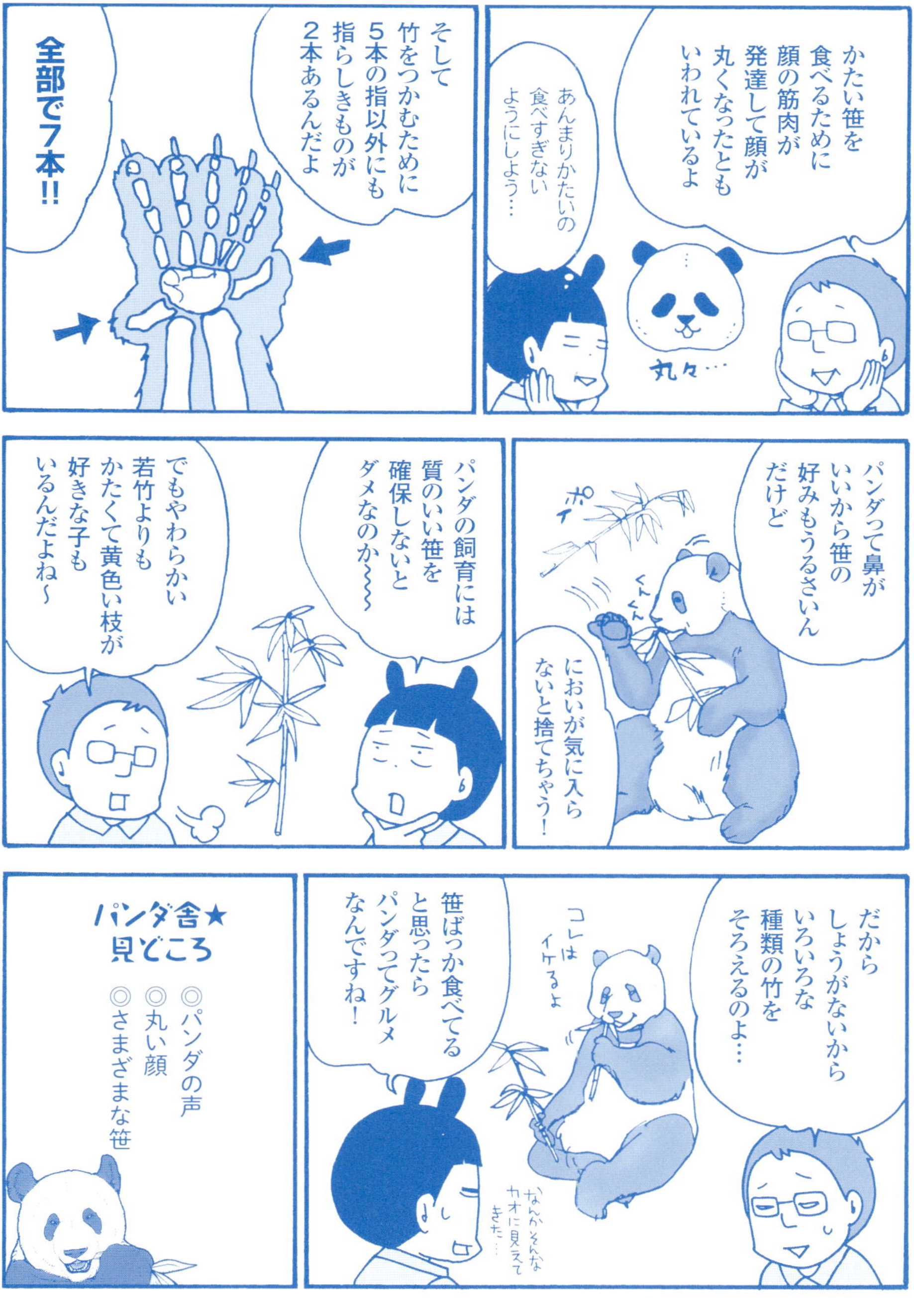
かたい笹を食べるために顔の筋肉が発達して顔が丸くなったともいわれているよ
あんまりかたいの食べすぎないようにしよう…
…
丸々…
そして竹をつかむために5本の指以外にも指らしきものが2本あるんだよ
全部で7本!!
パンダって鼻がいいから笹の好みもうるさいんだけど
ポイ
くんくん
においが気に入らないと捨てちゃう!
パンダの飼育には質のいい笹を確保しないとダメなのか〜〜〜
でもやわらかい若竹よりもかたくて黄色い枝が好きな子もいるんだよね〜
だからしょうがないからいろいろな種類の竹をそろえるのよ…
コレはイケるよ
笹ばっか食べてると思ったらパンダってグルメなんですね!
なんかそんなカオに見えてきた…
パンダ舎★見どころ
◎パンダの声
◎丸い顔
◎さまざまな笹

Zoo Column

春、それは恋の季節。パンダも情熱的に！

パンダは春に発情して、夏から秋に出産します。オスとメスは普段は別々に暮らしていますが、発情すると「メーメー」と独特の“恋鳴き”をするように。

メスは興奮すると体がポカポカとほてるようで、ほてった体を冷やすために水に入ることもあるぐらい。そして、次第に陰部が腫れあがってきます。そして、妊娠するのにベストの瞬間を見極めて、担当者はオスとメスを一緒にします。この妊娠好適瞬間はわずか1日。このタイミングで交尾をしないと、妊娠に至りません。また、オスとメスとでとても情熱的に盛り上がっていたのに交尾しないこともあります。このように、自然繁殖が望めない場合は人工授精をします。

そうして無事に妊娠・出産できたら、飼育員や獣医たちがチームを組んで人工保育をはじめます。どんな動物でも人工保育でもっとも重要なことは、“適したミルク”があるかどうかです。パンダの場合は、日本のメーカーの研究者が世界中のパンダの母乳の成分を調べ、パンダ専用のミルクを開発。今ではパンダの原産地の中国でも使われるようになり、人工保育の成功率がぐっと上がりました。

天使のような顔して意外とマッチョ

レッサーパンダ
Lesser panda

仲間同士でじゃれあって、追いかけっこして
疲れるとぴったりくっついてスヤスヤ。
天使のようなかわいらしさなのに、実はとても強い！

体毛は赤茶色系で
密に生えている
しっぽは
シマ模様で
太く大きい
鋭いツメが
生えている

基本DATA

【体長】	【体重】
50 〜 64cm	3 〜 6kg

【主な生息地（国）】
南アジア〜東南アジア

レッサーパンダのこと、もっと詳しく見てみよう！

体

鋭い歯とツメはとにかく痛い

レッサーパンダは人が大好きなので、見知らぬ人にさわられてもストレスになりにくいという性質があります。ふれあいコーナーにいる子などは、特におだやかな性格の子が選ばれます。ただし、もともとレッサーパンダは竹や笹を噛み切るほど強く鋭い歯を持っており、木登りをするために筋肉も発達しています。かわいらしい見た目からは想像できないぐらいの攻撃力を持っています。普段は温厚でも治療のために保定するときなどは、皮手袋（★1）をつけないと大けがをしてしまいます。

足

2本足で立つのは得意中の得意

かつて、2本足で立つレッサーパンダが有名になりましたが、レッサーパンダが立つのは普通のこと。レッサーパンダは、歩くときに足の裏を全部地面につける「蹠行《しょこう》性《せい》」（★2）なので、安定感があるのです。レッサーパンダと同じ蹠行性の生き物はクマ、サル、ウサギなど。これらの動物も立つことは得意ですが、その姿勢で早く歩いたり走ったりすることはできません。

また、太いしっぽはレッサーパンダの大きな特徴ですが、これも〝3本目の足〟として体を支えるのに役立ちます。威嚇するときや警戒のために周りを見回すときは2本足で立ち上がり、両手を広げ鋭い爪で攻撃します。

★1
噛まれると皮手袋の上からでもとても痛く、紫色になり腫れ上がることも。皮手袋が貫通ギリギリまで噛まれることもあります。

★2
これに対して、つま先部分だけを地面につけて歩く「指行性（しこうせい）」があり、犬や猫などが当てはまります。

語れるウンチク＆おもしろデータ集

おしりフリフリでかわいいマーキング

レッサーパンダが、ウロウロしながらときどき止まっておしりをフリフリしていることがあります。これはマーキング。自分の縄張りの木や岩などに、肛門の周りにある分泌腺をこすりつけ自分のにおいをつけているのです。

赤ちゃんのころからツメは鋭く力も強い

えさの時間は、どこからともなくわらわらと集まってきて飼育員の服に鋭いツメをかけながらよじ登ってきます。お客さんはそんな姿を見てかわいいと大騒ぎだけど、飼育員の服は穴だらけ。赤ちゃんもツメは小さいのにとがっているのでとにかく痛い！

赤ちゃんはたいてい1匹か2匹

一度の出産で1～2匹しか産まれません。たまに三つ子で産まれることもありますが、みんなが元気に育つのは難しいです。そのため人工保育に変えることもあります。

縄張り意識が強い

自分の縄張り内の木や岩などに、背中やおなかをこすりつけたり、肛門の周りにある分泌腺をこすりつけてにおいづけをします。おしりをスリスリさせる様子はかわいいのでぜひ気長に待ってみてください。

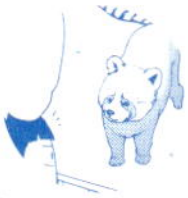

ベテランスタッフは鳴き声でいろいろわかる

レッサーパンダは巣箱で出産しますが、中を見なくてもベテランスタッフは鳴き声で何頭産まれたかピタリと当てます。最近は巣箱の中にカメラをつけて確認することもありますが、しっかりおっぱいを飲んでいるか、体調はどうか、などは鳴き声で判断するほうが的確な場合もあります。

オスの睾丸は季節によって大きさが変わる

繁殖期ではないときはしぼんでしわしわですが、繁殖期になるとふくらんでツヤツヤになります。

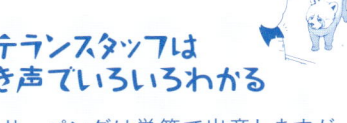

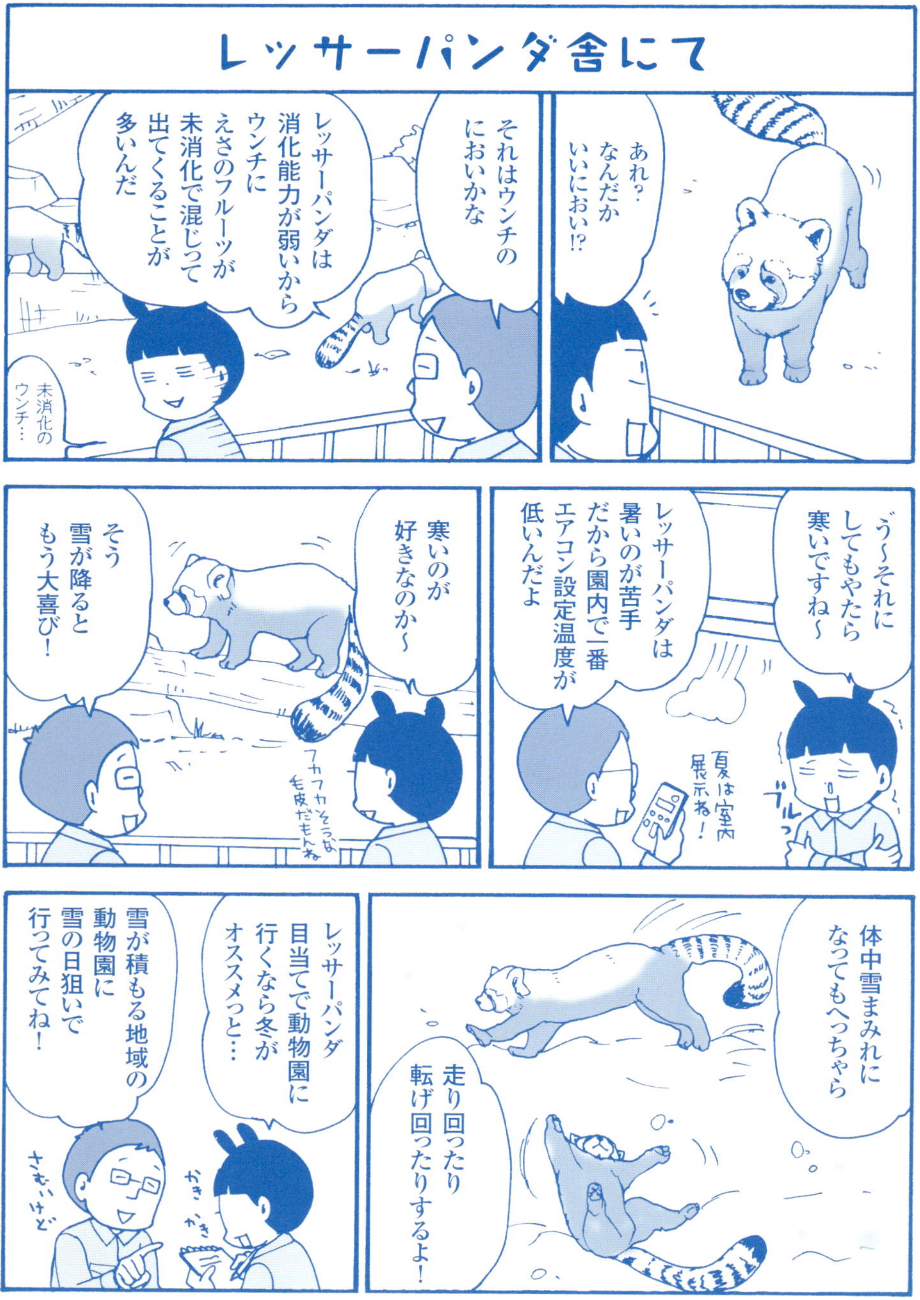
レッサーパンダ舎にて
あれ？なんだかいいにおい!?
それはウンチのにおいかな
レッサーパンダは消化能力が弱いからウンチにえさのフルーツが未消化で混じって出てくることが多いんだ
未消化のウンチ…
う〜それにしてもやたら寒いですね〜
レッサーパンダは暑いのが苦手だから園内で一番エアコン設定温度が低いんだよ
夏は室内展示ね！
ブルっ
寒いのが好きなのか〜
そう雪が降るともう大喜び！
フカフカそうな毛皮だもんね
体中雪まみれになってもへっちゃら
走り回ったり転げ回ったりするよ！
レッサーパンダ目当てで動物園に行くなら冬がオススメっと…
雪が積もる地域の動物園に雪の日狙いで行ってみてね！
かき かき
さむいけど

あっ あんなトコで 寝てる！
ZZZ…
木に登れば 天敵がいないから とても無防備になるんだ
Zzzz～
野生でも こんな感じ なんですか!?
だらしない姿…
岩場や 木のほこらを 巣にするから 狭く囲まれた ところも 安心するみたい
展示場の排水用に 用意したU字溝に はまり込んで 寝てることも あったな～
Zzz
めちゃ かわいいじゃ ないですか～
みたい…
でも 水は苦手で めったに 泳がないよ
だから レッサーパンダの 展示場を 設計したとき オリの代わりに 水路を作って 逃げ出さない ようにしたんだ！
渡れません
オリがないと 観察しやすい ですね～

それにしても レッサーパンダって ぬいぐるみみたいに かわいいですね～
欲しい…
大人もかわいいけど 赤ちゃんは抜群に かわいいよ
すっごく!!
産まれたては 地味な灰色だけど
モフ
モフ
モッコモコの フワッフワ!!
ピョコ
ピョコ
ずんぐりむっくり 体型でピョコピョコ 歩いて
ときどきコテンと 転ぶのよ!!
コテーンっ
いろんな動物の 人工保育をしたけど レッサーパンダは 断トツにかわいい
ありえない レベルの キュートさ!
ハァ ハァ
思い出すだけで そんなに!?
そ…そうですか でもレッサーパンダの 赤ちゃんには どんなミルクを あげるんですか?
日本の会社が 作ったジャイアント パンダ用の 〝パンダミルク〟を あげるんだー!
ギュ～
そんなパンダ 想いの製品が あるんですね～
人工保育で 育てると人にも よくなついて くれるからね～
アンボ

人なつっこい子は ふれあい コーナーで お客さんにも 大人気！
かわい〜
でもさわるときは ツメが鋭いから ひっかかれない ようにね！
普段はネコの ようにしまって るから大丈夫
その鋭いツメを 使って木登り してたのか〜
ところで 2本足で立つ レッサーパンダが いるみたいですが 珍しいんですか？
あれって芸？
すくっ
いやいや 周りの様子を うかがうときに 立ち上がるのは 小動物ならよく するしぐさだよ
つまり！ レッサーパンダは みんな直立できる
しかし かわいいよな〜 レッサーパンダは 起きてても寝てても かわいいんだから
あの ずんぐりして モフモフした 体ったら…
ちょっと ふれあい コーナーで モフモフ してきます！
もうガマンできないっっ
レッサーパンダ舎★ 見どころ
◎いいにおいがする
◎赤ちゃんが かわいい
◎直立できる

Zoo Column

レッサーパンダの食べ残しはゾウにおまかせ！

僕が獣医師になりたてのころ（いまから約25年前）、レッサーパンダのえさといえばおかゆでした。先輩に「なんでお米なんですか？」と聞くと、「原産地の中国で食べていたから」とのこと。生のお米ならまだ理解できるのですが、おかゆ……？　と不思議でした。野生のレッサーパンダがお米を煮て食べるなんてことはありえないので、人間が食べていた身近な食べ物を与えていただけなのかな、なんて思います。

現在、日本の動物園では、レッサーパンダ用のペレット、リンゴなどの果物と竹などをあげています。前足にはパンダと似たような“6本目の親指”があり、それを器用に使ってえさを持って一生懸命食べます。その様子がかわいいと評判だったので、そのポーズがしやすいよう、リンゴなどの果物を細切りのスティック状にしてあげていました。

ここ十数年でレッサーパンダの舌が肥えたのか、竹をあげてもやわらかいところしか食べないグルメぶり。残りはゾウのえさとなります。グルメなレッサーパンダの残りを、ゾウが文句も言わずにおいしそうに食べるのを見ると、えさがおかゆだった時代からは隔世の感があります。

絶滅の危機にある、美しき森の王者

トラ
Tiger

食物連鎖の頂点に位置し、美しい毛皮を持つトラ。そんな森の王者は、動物園では様子が一変。飼育員になつく甘えん坊になります。ただ、眼光は鋭く迫力と神秘性は抜群！

シマの色は黒から茶まで個体差がある
のどから腹にかけての体毛は白い
普段はしまっている鋭いツメ

基本 DATA

【体高】
1.4 〜 2.8m

【体重】
100 〜 300kg

【主な生息地（国）】
南アジア〜東アジア

トラのこと、もっと詳しく見てみよう！

属性

体は大きくてもネコの仲間

トラは森林に住む、ネコ科最大の動物。以前、元気がないトラにマタタビの木をあたえたことがあります。すると、木をかじりながら目も口も開け恍惚の表情になったのです。さらに巨体を転がし背中を地面にこすり付けゴロゴロ……その反応はネコそのものでした。体は大きく、世界最大種のアムールトラだと3・5メートル、体重310キログラム近くになるものも。ですが、獲物を見つけたら見事に気配を消して忍び寄る狩りは大迫力です。

食事

狩りの名手だが、獲物にありつけないときも

優れた狩りの能力があっても、自然の中では毎日獲物を捕まえることはできません。ときには、10日以上食べ物にありつけないこともあります。そのため、〝ため食い〟をすることがあり、1回で25キログラム以上食べることもあるそうです。

日本の動物園では、値段が安く仕入れ量も安定しているため馬肉を与えることが多いです。馬肉は脂肪分が少ないため、肥満予防にもなります。というのも、動物園のオリの中では、どうしても活動量が少なくなるため肥満予防をしなければならないからです。また、毎日ものを食べると内臓が疲れるため、動物園ではえさを全く与えない日があります。だから、週に1～2日はごはん抜き（★ー）。これがトラの健康の秘訣ですが、実は人間もそうかもしれませんね。

★ー 動物園では、食事の回数も野生の状態に近づけるようにしています。また、運動不足による肥満解消のためにもごはん抜きは効果があります。

語れるウンチク ＆ おもしろデータ集

ネコ科なのに水が大好き

ネコ科の動物は体が濡れるだけでも嫌がりますが、トラは水を好みます。野生のトラは川で泳ぎ、動物園のトラは、夏は池の中などにずっといて気持ちよさそうにしています。

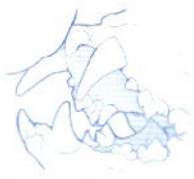

野生のトラは歯が抜けると死んでしまう!?

トラにとって歯は生命線。自然下では、健康でも歯がないだけでえさを捕れず死んでしまいます。動物園では獲物を捕まえる必要もないし、噛まなくても飲み込める小さな肉をもらうこともできるため生きていけます。

人間の都合でねらわれるトラ

毛皮の美しさから、じゅうたんなどの材料として高価に取引されるため密漁の対象となっています。またトラの骨は漢方薬としても希少価値が高いとされています。

野生のトラを集めても東京ドームの一部しか埋まらない

9 亜種のうち 4 亜種がすでに絶滅。現在、地球上にいる野生の個体すべて集めても 5000 頭にしかならないかもしれません。つまり、世界中の野生のトラを東京ドームに集めても内野席の一部しか埋まらないのです。ちなみに、飼育個体は約 1 万頭います。

寒いところほど体が大きくなる

トラの中では、極寒のロシアに住むアムールトラが世界最大。トラは寒い地方に住んでいる種類ほど体が大きくなります。それは、体が大きいほど体重あたりの体表面積の割合が小さくなり、保温上有利だからです。

横の壁が動くオリがトラの命を救う

トラなどの猛獣に点滴をするためには麻酔が必須。ですが、点滴をするために毎日麻酔をかけたらそれだけで死んでしまいます。そこでスクイズケージ。横の壁が動いて狭くなり、トラの動きを止めるオリです。このオリのおかげで、安全に注射ができるようになりました。

トラがおしりをフリフリしたら逃げて!!

トラがおしりを振るのは自分の縄張りアピール。しっぽを上げてプルプルしたら、おしっこをシャワー状に飛ばしてきます。ときどき、お客さんに向かってすることがあるので要注意!

トラ舎にて

にゅっ
ささっ
にゅっ
ささっ
先生…何やってんですか？
シカのマネだよ
こうやってシカのマネしてやるとさ～
にゅっ
グルル
わ!? ネコみたいに喜んでる!?
ホラ一緒にやってごらん♪トラに狙われるシカの気分を味わえるよ～
昼間は寝てることが多いけど開園時と閉園時は活発になるよ！
にゅっ
あんまり味わいたくないような…
フ～～～ン♪
スッ
先生!? そんなに近づいたら危ないですよっ

フ〜ン
フ〜ン
先生が近づいたらトラも近寄ってきた!?
あっ
ブルルル
先生がトラとあいさつしてる!?
そうトラって人なつっこいんだ!
僕が鼻をフ〜ンって鳴らすとフ〜ンって鳴らし返してくれるの!
こうやってなでなでされるのも好きみたい
ナデナデ
先生が食われるウウーッ
アブナイッ
大きいネコみたいでしょ〜〜〜
よい子は絶対マネしないでネ!!
ネコじゃないから!!
ガリッ
ホラ見て! 大きな丸太を入れてあげるとツメとぎもするよ
多層構造になっており、内側に血管が通っている
横から
正面から
古くなった外側のサヤをはがすんだよ
脱皮のようにサヤがはがれてはがれたサヤが丸太に突き刺さっていることがあるよ
ハイあげる
でっかいけどネコのツメそっくりだ

やっぱりトラって大きいからすごい量食べるんでしょうね〜〜〜?
先生も食べられないように…
動物園では馬肉3.5キロとニワトリの頭1.5キロぐらい!
たまに大きな牛の骨も与えてます!
ガリ
ガリ
うわ〜〜〜〜
大きな肉の塊!
足で押さえて奥歯で噛み切ってワイルド〜〜〜
奥歯は烈肉歯《れつにくし》といって小さな山があってとがった歯なんだよ
ちなみに大きく鋭い牙は獲物をとらえて殺すため
小さい前歯は骨から肉をそぎ取るためのもの
奥歯は肉を小さく切るためにこんな形になっているんだよ
平らな奥歯で草をすりつぶして食べる草食動物とはずいぶん違うんだ〜〜
ふぁ〜〜〜あ

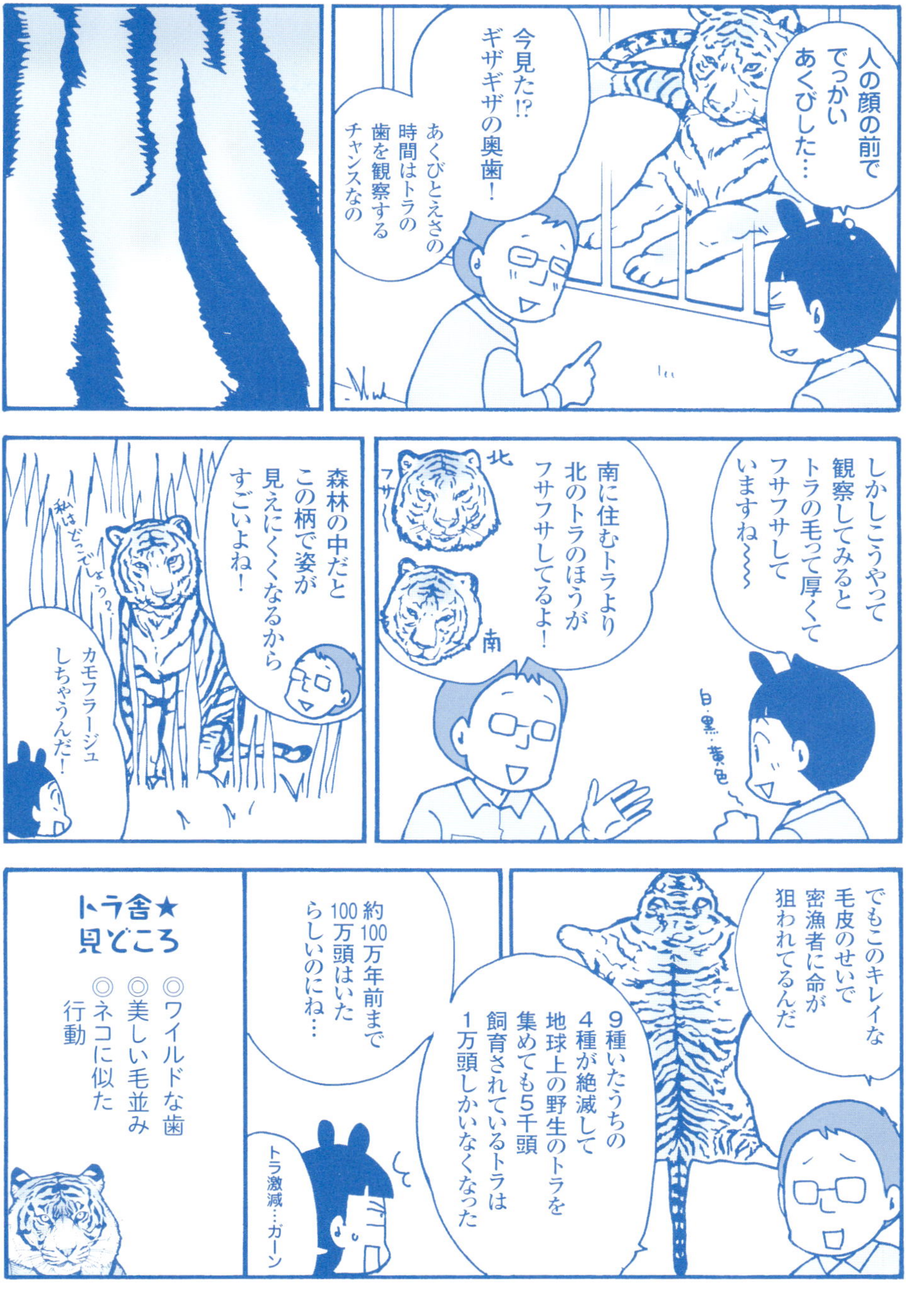
人の顔の前で でっかい あくびした…
今見た!? ギザギザの奥歯！
あくびとえさの時間はトラの歯を観察するチャンスなの
しかしこうやって観察してみるとトラの毛って厚くてフサフサしていますね〜〜
白・黒・黄色〜
南に住むトラより北のトラのほうがフサフサしてるよ！
北
フサ〜
南
森林の中だとこの柄で姿が見えにくくなるからすごいよね！
私はどこでしょう？
カモフラージュしちゃうんだ！
でもこのキレイな毛皮のせいで密漁者に命が狙われてるんだ
9種いたうちの4種が絶滅して地球上の野生のトラを集めても5千頭飼育されているトラは1万頭しかいなくなった
約100万年前まで100万頭はいたらしいのにね…
トラ激減…ガーン
トラ舎★見どころ
◎ワイルドな歯
◎美しい毛並み
◎ネコに似た行動

Zoo Column

トラの展示は においとの戦いなのだ！

オスのベンガルトラの元気がなくなったことがあります。当時、担当がベテランのAさんから新人のBさんに代わった頃でした。トラは落ち着きがなく、ゲッソリ痩せて血便・血尿までするように。心配するあまりBさんもグッタリ。話を聞くと、「寝室にいても展示場に出ても、いつも落ち着きなくグルグル回り、あちこちにおしっこをかける」とのこと。

頻尿、膀胱炎？　イヤイヤ何かが違う。以前の担当者Aさんは怠け者で掃除も適当、寝室の壁はトラのおしっこでシミができ、展示場の草は伸び放題。お客さんはトラがどこにいるかも見えないぐらいでした。ですが、そんな状態なのに病気になったことは一度もありませんでした。

どうやら、Bさんがきちんと掃除した、きれいでにおいのない部屋はトラにとってはとても居心地が悪い場所だったようです。トラは居心地の悪い空間を、自分のにおいをせっせとつけて落ち着く空間にしていたことがわかりました。かといって、くさいし、草ボーボーでトラが見えない展示はNG。お客さんの近くは掃除をしてにおいを少なくし、トラの安心する場所はトラのにおいを残すようにするなどのアイデアが生まれたのです。

デリケートで神経質だが噛む力はトップレベル

白黒模様のシマウマは、見かけは優雅ですが
まともに蹴ったら人間が飛んでいくほどの力持ち。
加えて噛む力は、動物園イチ強いというウワサも。

シマウマ
Zebra

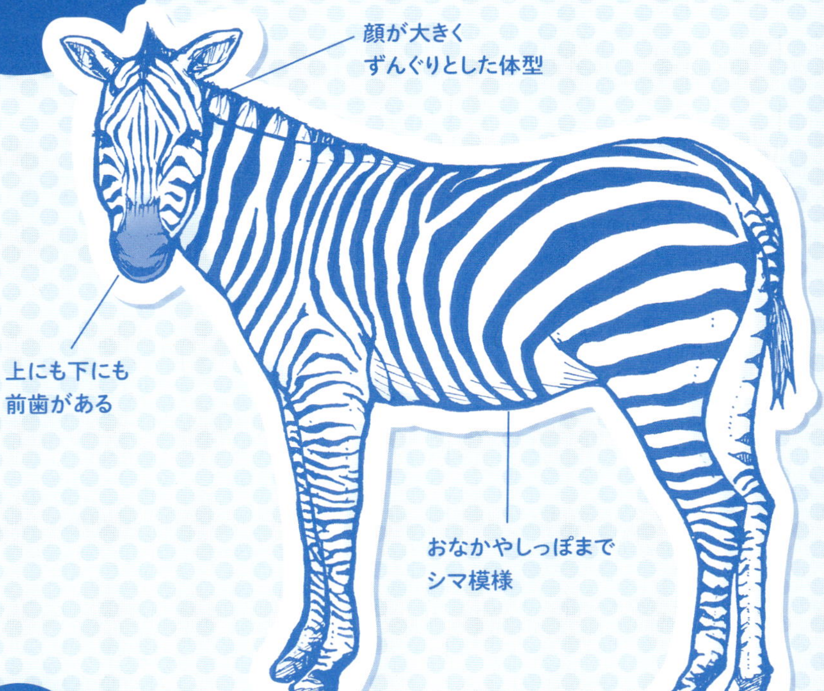
顔が大きく
ずんぐりとした体型
上にも下にも
前歯がある
おなかやしっぽまで
シマ模様

基本DATA

【体長】
2 ～ 2.4m

【体重】
250 ～ 300kg

【主な生息地（国）】
アフリカ東部

※日本の動物園でよく見られる
「グラントシマウマ」のデータです。

シマウマのこと、もっと詳しく見てみよう！

体

美しい白黒の縞模様はしっぽまで！

シマウマは大きく分けて3種類（★1）。サバンナシマウマ、ヤマシマウマ、グレービーシマウマです。どの種類も白と黒のシマ模様が美しく、しっぽまでシマ模様になっています。模様は1頭ずつ違っており、人間の指紋のよう。もしかすると、シマウマ同士の個体識別（★2）に使っているのかもしれません。

性格

神経質なので怖がらせないことがポイント

性格は、ウマ科の中では断トツに臆病で神経質。担当飼育員にもなかなか心を開かず、なつきにくいです。また、パニック気質を持っているため、驚くと走り出してしまいます。狭い寝室の中でもびっくりすると走り出して壁に激突する危険性があるため、とても気を遣います。シマウマの治療などのために寝室に入るときは、大声で歌を歌ったり、名前を呼んだりして、「誰かが来る！」ことを事前に気づかせ心構えさせるようにしています。なつくことはほとんどありませんがなれることはあるので、「来たのはもともと知っている人間である」ということを事前に知らせながら獣舎のドアを開けるのです。さらに、興奮しやすい体質のため麻酔が効きにくいという獣医泣かせぶり。ときには吹き矢（★3）での投薬をすることがあるほどです。

展示場でも、1頭が驚くとそれが仲間に伝染し全頭でパニック発作のようになることも。シマウマを見るときは、驚かさないように静かにしてあげてくださいね。

★1
クアッガシマウマという種類がありましたがすでに絶滅してしまいました。

★2
群れの仲間同士で、個体を見分けるための手がかり。

★3
筒を吹くと矢が飛ぶ仕組みの狩猟道具。動物園では、矢ではなく薬の入った注射器を飛ばします。

語れるウンチク & おもしろデータ集

シマウマの地肌は黒い

シマウマの地肌は何色かご存じですか？　黒地に白か？　白地に黒か？　あるいはシマシマ地肌か？　正解は、黒に近いグレー。理由はまだ判明していません。

シマウマに噛まれるのも獣医の仕事のうち

肉食獣を扱うときには麻酔をするため、噛まれることはありません。その点、シマウマは動物園にいても人になつきにくいため、麻酔が難しく、麻酔を打てても興奮しすぎてなかなか効きません。そのため、麻酔なしで治療することが多く、噛まれることがあります。

ヒヅメが伸びすぎると死んでしまうことも

年を取ると動くことが少なくなり、ヒヅメが伸びすぎてしまうことがあります。歩かなくなるとさらに、ヒヅメの前側が異様に伸び、普段使わない関節に力が入ることで関節炎になってしまいます。その後は、立てなくなる→胃腸の動きが止まる→心臓に負担がかかる→血行不良……と悪循環になり、落命する場合もあります。

あごを仲間の腰に乗せるのは愛情表現

あごを仲間の腰に乗せると、お互いの心臓の鼓動がおだやかになり、相互に愛撫をしているような幸福感が得られます。どちらも幸せそうな顔をしているので、見ているとこちらまで安らぎます。異性同士だけでなく同性同士でも行います。

シマウマに学ぶ動物に噛まれないコツ

動物が噛むのには理由があります。理由がわかれば、それを避けることで噛まれることはありません。まずそのひとつが恐怖。「やめて」「近づかないで」「あなたが怖い」という理由の場合は、距離を置くことです。次に、痛みによる反射。痛みを感じると動物は反射的に噛みつきます。痛いところにふれさせないためです。それ以外に、「気に入っているものが取り上げられそうになったとき」などに噛みつき攻撃に出ます。

シマウマが笑う!?

上唇を持ち上げ、歯をむき出し、頭を持ち上げ、目を細めて恍惚の表情を見せることがあります。笑っているように見えますが、においによっておこる“フレーメン反応”です。鼻の奥にあるフェロモンを感じる器官にたくさんの空気（におい）を取り込むためにこんな顔になるワケ。特に、発情中の異性の尿のにおいに一番反応します。

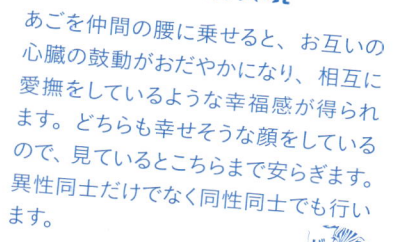

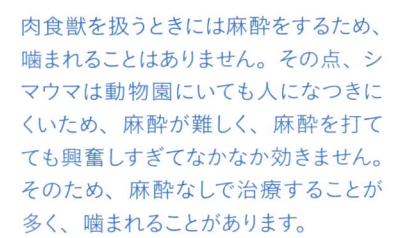

シマウマ舎にて

シマウマって よく見ると おなか出てるな〜〜〜
ムチッ
ムチムチ やんか…
サラブレッド みたいにスマートな 体型じゃなくて ざんね〜ん
シマウマって 耳も顔も 大きいでしょ！
ウマって いうより ロバみたい！
そうだね ロバと交尾も できるし子どもも 生まれるよ！
えっ⁉ どんな赤ちゃんが 生まれるん だろう⁉
シマロバ⁉
ンゴンゴ
今ンゴンゴ って鳴いた⁉
シマウマの 鳴き声は 個性豊か だよね〜
ときどき ワンワンワン って鳴くことも
ヒヒーンじゃ ないなんて‼
ショック
それにしても シマウマって 見事なシマシマ 模様だな〜〜〜
さすが ゼブラよ〜
しっぽまでシマ模様 って知ってた⁉

シマウマの白黒は一般的な通説では白と黒のコントラストが敵の目を錯覚させるためといわれてるんだ
黒
白
草原で白黒の体って逆に目立つような気も…?
しましま!!
でも群れでいるとどこまでが1頭かわからなくなるでしょ!?
重なると数えにくいんだよね〜〜
1頭、2頭、3頭、4頭〜〜〜
ほかにもまだ解明されていないんだけど「シマ柄で体温を下げる」説もあるよ!
シマウマはシマ柄のおかげで同じ場所に生息する哺乳類より体温が低いといわれてるんだ
そのせいかわからないけど暑い地方に生息するシマウマのほうがシマの数が多いんだよ
涼しい地方←
暑い地方→
これでサバンナでも大丈夫?
※白い部分→黒い部分、黒い部分→白い部分へ風が起きて体温が下がるのだとか（真相不明）
さらに「虫よけのために白黒になってる」説もあって
ウマ科の動物に寄生する吸血性のツェツェバエやアブはシマウマの生息地にたくさんいるんだけど
野生の馬よりシマウマのほうが被害が少ないらしいんだ
↑アブ
↑ツェツェバエ
普通の馬→
↑シマウマ
それって**吸血バエは**シマシマが嫌いってことですか!?

そういえば動物園でもシマウマはアブに噛まれなかったけど同居してたシロオリックスは噛まれてたっけ！
茶色の木曽馬や白いポニーも被害にあってたな〜〜〜
すぐにシマシマに塗ってあげてください！
お〜い！シマジロウ草あげるー
がぶっ
ギャー噛まれた———!!!
僕もいろんな動物に噛まれてきたけどシマウマが一番痛いんだよな〜
なんでか理由わかる？
前歯でがっぷり噛まれたから痛いんですよ!!
見りゃわかるでしょ
ウーン
そう！上と下に頑丈な前歯が生えてる！
↑シマウマ
だから下にしか前歯がない牛に噛まれるよりガゼン痛いのだ

イテテ…指ちぎれるかと思った〜〜〜
ジン
ジ〜
ハムスターの切歯《せっし》だったらナイフみたいに鋭いからザックリいってたよね〜〜〜
カリ
カリ
ハムスター
これが肉食動物ならバックリ食いちぎられるところだったけど麻酔で眠らせるから噛まれない
ZZZ…
だから園ではシマウマが一番噛まれると嫌な相手かな！
それを早く言ってください…
でも考えてごらんシマウマだって噛むときは理由があるんだ！
おとなしい犬や猫だって噛むことがあるよね
噛むという至近距離の戦いを挑むことは自分もリスクを負うけどそれ以上にメッセージがあるんだよ！
「やめて！あなたが怖い」とかね
こないで〜
痛みを感じて反射的に噛んじゃうこともある
いたい！
自己防衛ですね！
それから「自分のほうが立場が上」と思ったときに相手を服従させるために噛むこともあるんだよ〜〜〜
ギャ〜
それはもっと早く教えて!!
がぶしっ
シマウマ舎★見どころ
◎しっぽまでシマシマ
◎意外な鳴き声
◎上と下の前歯

Zoo Column

シマウマに学ぶ
動物と仲良くなる方法

動物園で治療するときは、動物の寝室に入っていきます。このとき、なんの前触れもなしに入っていくと動物たちは驚いてしまいます。特にシマウマはいつもドキドキ、ビクビクしているため、超びっくり！　以前、あまりにも驚いたシマウマがジャンプして天井に穴を開けたこともありました!!　天井は壊れましたが、シマウマは目が腫れただけですみました。

なぜシマウマがこのようにいつもドキドキしているかと言うと、いつ敵に襲われるかわからない草食動物だからです。そのため、彼らの体は敵を察知するために進化しています。目は顔の横につき、瞳孔（瞳）は横長でワイドな視野を確保。細長い耳は音が出る方向を探るために自由自在に動きます。また、短時間なら時速 70km 以上で走ることもできるというのだからすごい。敵から逃げるために全力を使う彼らと仲良くなるには、驚かさないことが大事。近づくときは遠くから、あいさつする、名前を呼ぶなどして、こちらの存在をまず教えます。後ろからそっと近づきいきなり手を出したら、ビックリしてガブリなんてことになるので、さわるときは、声をかけながらゆっくりと近づき、こちらに気づいてもらってからスキンシップ開始です！

恐竜のような顔なのに人なつこい

サイはゾウの次に大きい陸生哺乳類。
社会性が強くおだやかな性格ですが
怒ると大きな体と鋭い角で突進してきます！

サイ
Rhinoceros

クルクル動く
ラッパ型の耳

ツノはアフリカの
サイは２本、イン
ドのサイは１本

鎧のように厚く
シワシワの皮ふ

基本DATA

【体長】
3.7 ～ 4m

【体重】
1800 ～ 2300kg

【主な生息地（国）】
西アフリカ、東アフリカ、アフリカ南部

サイのこと、もっと詳しく見てみよう！

体

太いツノとかたい皮ふ……まるで重戦車！

サイといえば強そうなツノ。このツノは骨ではなく、ツメのようなもの（★1）。皮ふや体毛が変化したケラチン質の繊維の集まりなのです。子どものときにはありません。また、ツノは折れても伸びてきます。ツノの数は、クロサイやシロサイなどのアフリカのサイは2本、インドのサイは1本です。このツノには解熱や催淫などの効果があると信じられ、漢方薬として珍重されてきました（★2）。

皮ふはとても厚く、あらゆる動物の中でももっともかたいです。皮ふというより、ツメに近いものとも言えます。これがよろいのように体を守っており、ライオンのキバやツメも刺さりません。動物園では治療や検査のために採血をするのですが、耳以外の皮ふには注射針が刺さらないのでとても苦労します。そこで、飼育員がサイを呼び寄せてゴシゴシ体を洗っているうちに、耳の血管から素早く採血します。

視力

視力が悪い代わりに耳からの音が頼り

サイは巨体で迫力があるわりに、小さなやさしい目をしているため、かわいらしく人気があります。しかし、この目はそれほど見えていないらしく、30メートル先ぐらいまでしか見えないとも言われています。その代わり音とにおいで何でもわかるようで、音のする方向を探して、ラッパ型の耳を常にクルクル動かしています。

★1
牛やシカのツノはサイと違い、頭の骨が伸びたものです。

★2
サイのツノは人間の髪の毛やツメと同じ成分のため、科学的な薬効は証明されていません。中近東の国では、成人男性が持つ短剣の柄として使われることもあります。

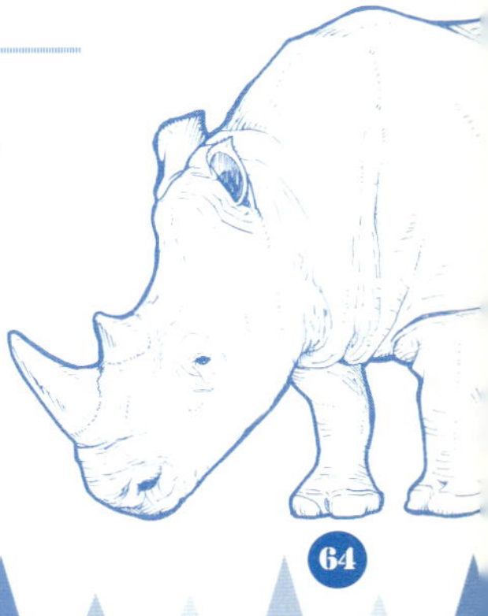

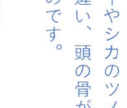

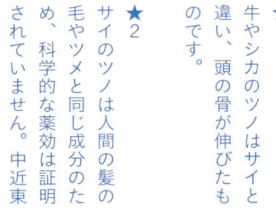

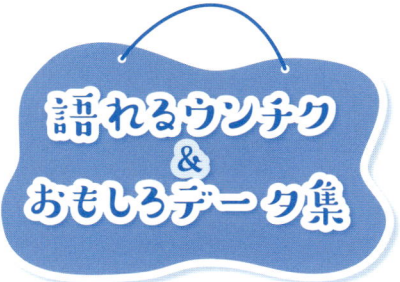

語れるウンチク & おもしろデータ集

体をきれいに保つためにせっせと泥遊び

サイのオリの中には、泥場を用意してあげます。雨が降ったあとなどは、泥がゆるくなるため、おしりから入って横になり、泥を体に塗りつけて楽しんでいます。泥は直射日光から皮膚を守り、気化熱で体温を下げ、寄生虫を落とす役割もあります。

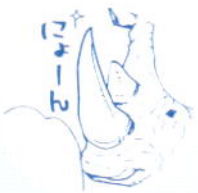

アジア、アフリカで密猟の対象になる

密猟者はサイのツノや臓器をねらいます。特にツノは、滋養強壮や二日酔いに効くといわれ、高価なものとしてもてはやされています。これらの理由で大量に殺され激減し、一時はミナミシロサイなど数百頭というレベルまで減ってしまいました。

大きくなると 3t 超え！

サイの中でもっとも大きいのはシロサイ。オスはメスより 0.5t 以上大きくなり、3t に達するものも。食事量も多く、1 日数十 kg ものえさを食べます。ウンチも大量で、1 日 30kg 出すサイもいます。

本気で怒ればライオンも退散する

普段は温厚ですが、本気で怒ると、目標めがけて大きな体で突進します。鋭い角を使ってライオンすら追いはらうこともあります。

スマトラサイは全身に毛が生えている

スマトラサイは、南アジアや東南アジアに住む小型のサイ。全身に毛が生えているのが特徴です。毛は長く、まばらに生えています。毛が生える理由は不明ですが、このサイだけなぜか毛が生えるのです。また、子どものときは体中に細い毛が生えています。

サイ舎にて

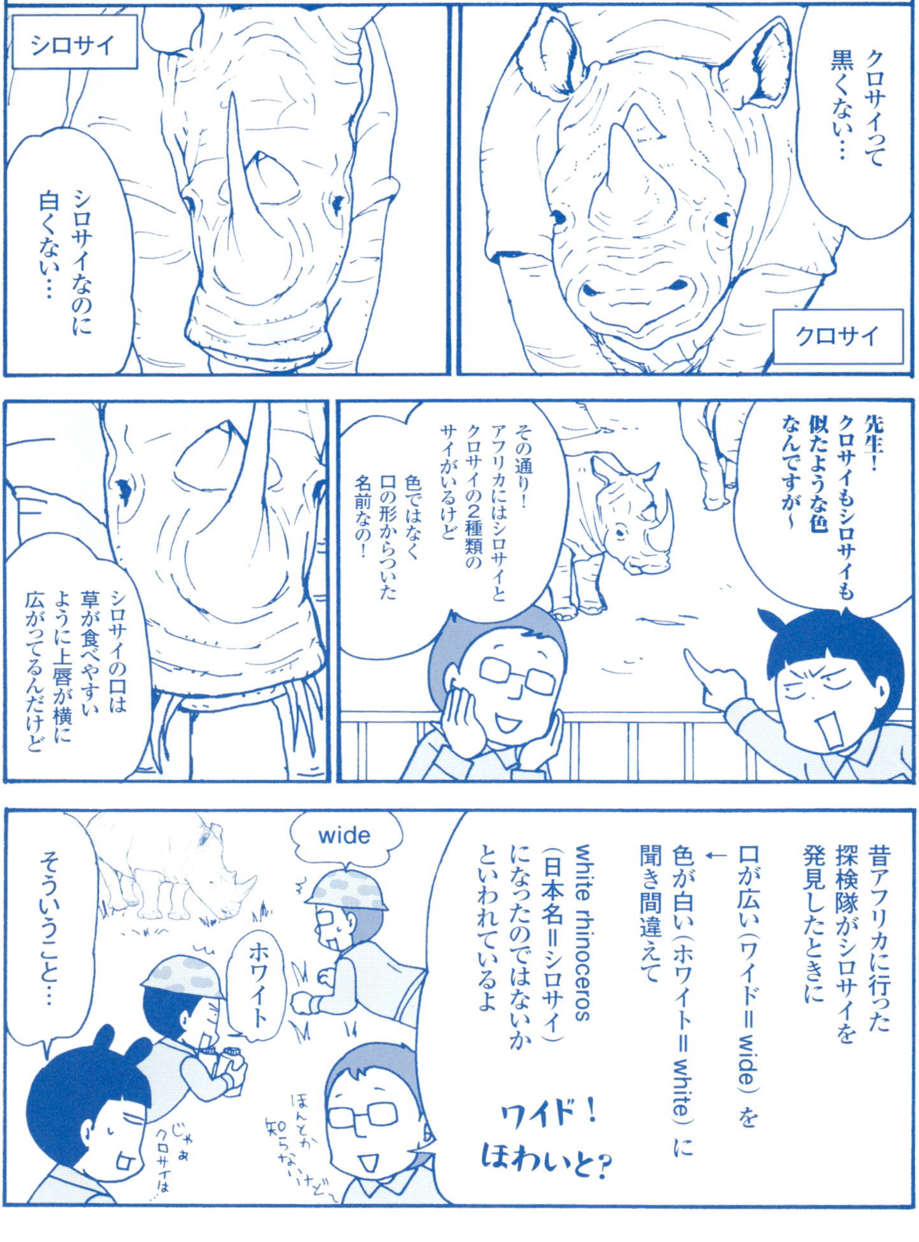
クロサイって黒くない…
クロサイ
シロサイ
シロサイなのに白くない…
先生！クロサイもシロサイも似たような色なんですが～
その通り！アフリカにはシロサイとクロサイの2種類のサイがいるけど色ではなく口の形からついた名前なの！
シロサイの口は草が食べやすいように上唇が横に広がってるんだけど
昔アフリカに行った探検隊がシロサイを発見したときに口が広い（ワイド＝wide）を←色が白い（ホワイト＝white）に聞き間違えてwhite rhinoceros（日本名＝シロサイ）になったのではないかといわれているよ
ワイド！ほわいと？
wide
ホワイト
ほんとか知らないけど～
じゃぁクロサイは…
そういうこと…

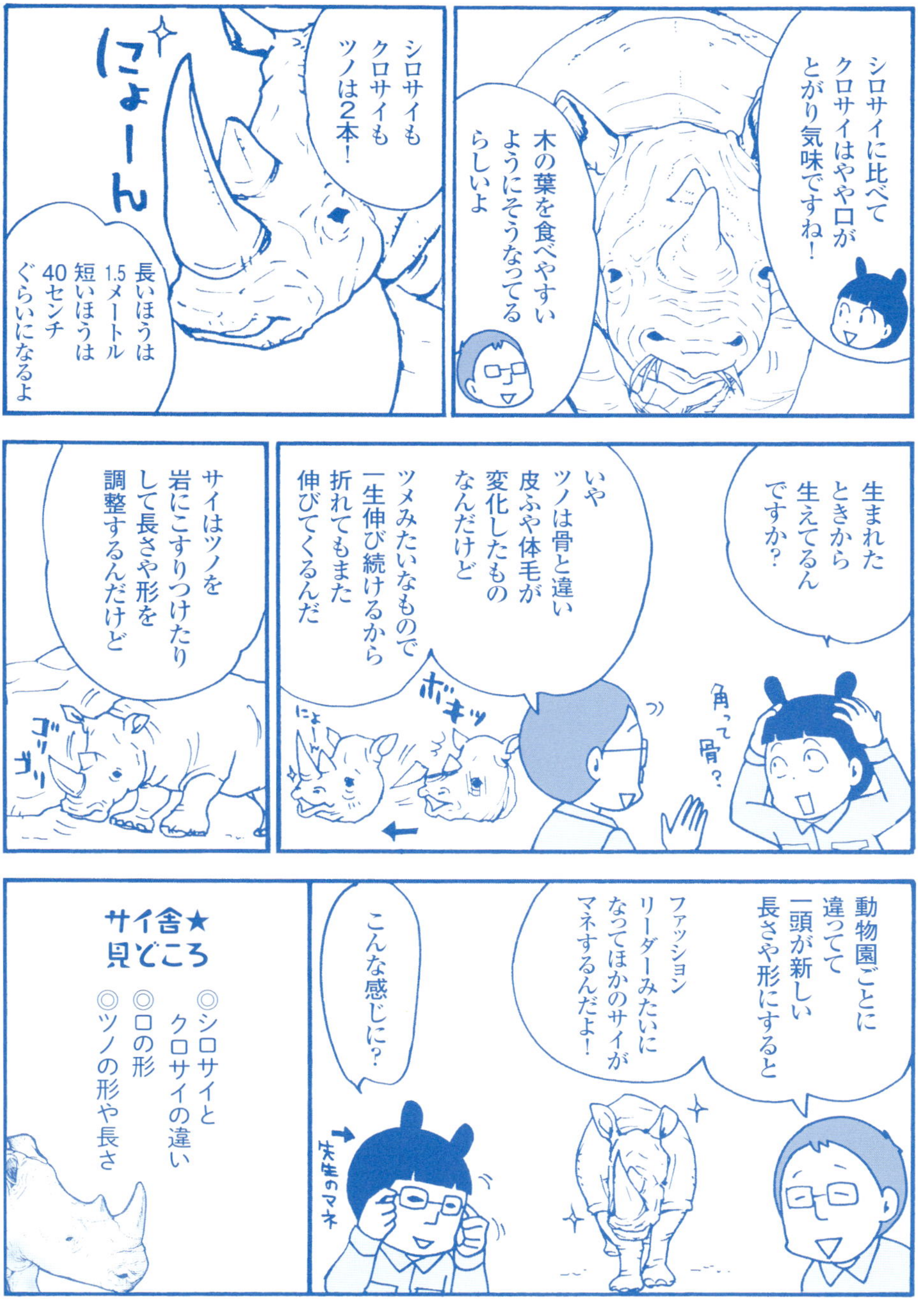
シロサイに比べて クロサイはやや口が とがり気味ですね！
木の葉を食べやすい ようにそうなってる らしいよ
シロサイも クロサイも ツノは2本！
にょーん
長いほうは 1.5メートル 短いほうは 40センチ ぐらいになるよ
生まれた ときから 生えてるん ですか？
いや ツノは骨と違い 皮ふや体毛が 変化したもの なんだけど
ツメみたいなもので 一生伸び続けるから 折れてもまた 伸びてくるんだ
角って骨？
ボキッ
にょーん
サイはツノを 岩にこすりつけたり して長さや形を 調整するんだけど
ゴリゴリ
動物園ごとに 違ってて 一頭が新しい 長さや形にすると
ファッション リーダーみたいに なってほかのサイが マネするんだよ！
こんな感じに？
先生のマネ
サイ舎★見どころ
◎シロサイとクロサイの違い
◎口の形
◎ツノの形や長さ

Zoo Column

サイは世界で絶滅寸前。赤ちゃんは宝物だ！

クロサイは単独行動をとるといわれているのですが、いまのように数が激減していないときは10頭ぐらいの群れでいたこともあるとか。漢方薬として珍重されるツノ目当てで密漁されることが激減の原因です。つまり、仲間がいないから単独行動をしているだけなのでしょう。

2011年にはベトナムのジャワサイが森林減少のため絶滅。ジャワサイは、インドネシアにいる約50頭だけとなってしまいました。それ以外のサイも、スマトラサイ約200頭、インドサイ約2800頭、クロサイ約4240頭、シロサイ約20000頭……すべて絶滅寸前です。

日本の動物園で飼育しているのは、インドサイ、シロサイ、クロサイです。世界中の動物園が絶滅の危機を意識して増やしていかない限り、地球上から消えてしまうでしょう。

日本の動物園での繁殖例はさほど多くありませんが、僕も何度かサイの赤ちゃんを見たことがあります。一度の出産で産まれるのはだいたい1頭。赤ちゃんは産まれてすぐ立ち上がり、それから2年間母乳を飲んで育ちます。離乳が近づくと、母乳を飲みながら草も食べるように。赤ちゃんはお母さんが大好きで、いつもぴったりついて歩きお母さんのマネばかりします。生まれたときにツノはありませんが、体中に毛が生えています。

怖そうな見かけによらず、実は草食！

ツキノワグマ
Asiatic black bear

ツキノワグマは人を襲う悪いヤツではありません。
それどころかとても臆病でデリケート。
はちみつが大好きなところもにくめない！

木登りに適した
鋭いツメ
胸の模様は
白〜黄色
後ろ脚で立ち上がる
ことができる

基本DATA

【体長】
1.3 〜 1.9m

【体重】
100 〜 200kg

【主な生息地（国）】
東アジア、南アジア、東南アジア

ツキノワグマ
Asiatic black bear

ツキノワグマのこと、もっと詳しく見てみよう！

嗜好

好きなものは、はちみつとドングリ

黒くて大きいので恐ろしいイメージを持たれやすいですが、実は草食に近い雑食性。好物は、はちみつやドングリなのです。はちみつはかなり好きで、おやつにはちみつをあげるとなんともいえない恍惚とした顔になってしまいます。

動物園では、自分で狩りをしなくてもえさがもらえるので、「えさを探す楽しみ」を味わってもらうこともあります。たとえばえさのドングリをあげるとき、遊具の下や寝床の下などに隠して、自分で探させるのです。鼻がいいので、においでえさのありかを見事に探し当てます。

行動

おもちゃや木登りでアクティブに遊ぶ

ツキノワグマはおもちゃで遊ぶのも大好き。竹の筒をあげると、噛んだり投げたりしながら、自分なりの遊びを見つけて楽しみます。自然の中では木登りをしたり、木の上でくつろいだりするので、高いところも好みます。なので、彼らが乗っても壊れないハンモックを寝室に入れてあげることも。

自然下では冬は冬眠するのですが、これまで動物園では冬眠させずに展示してきました。ですが、生態に即した展示としてツキノワグマの冬眠を見せる動物園が増えています（★一）。

★一
巣穴に暗視カメラを設置するなどの工夫をします。冬眠中は呼吸や心拍などは最低限になり、死んだように眠り続けます。

語れるウンチク＆おもしろデータ集

自然の中では夜行性だが動物園だと逆転!?

本来、ツキノワグマは夜行性ですが、動物園で暮らしていると、人間の生活ペースに合わせるようになります。

えさを探すのは楽しみのひとつ

自然の中では頭で考えて体を使ってえさを得ますが、動物園だとなんの苦労もなくえさがもらえます。そこで、えさを土の中や木の穴の中に隠すなどして、頭を使ってえさを得る楽しみを感じさせています。この手法を「フォージング」といいます。

交尾してもえさが少ないと赤ちゃんができない

ツキノワグマは夏に交尾し、冬ごもり中に出産します。ですが、秋にドングリなどをしっかり食べないと受精卵が着床せず赤ちゃんができません。これを“着床遅延”と呼びます。つまり、えさが少ないと子どもが産まれないのです。

ツキノワグマは群れをつくらない

ツキノワグマは群れる生き物ではありませんが、子育て中のお母さんと子どもは一緒に過ごします。動物園でも単独で展示をすることが多いですが、たまに相性のいい者同士（主にメス同士）で展示することもあります。

大阪のお寺で飼われている!?

2014 年、大阪でツキノワグマが捕獲されましたが、どこの動物園も受け入れてくれませんでした。「このままでは殺処分になる。殺生はいけない」と、とあるお寺が名乗りを上げ、そこでペットとして飼われはじめたそうです。

巨体なのに意外と身軽

走ると時速 40km ぐらい出ることも。また、木登りがとても得意でものすごい速さで登っていきます。水も怖がらず、自然の中では川や湖で泳いでいることもあります。

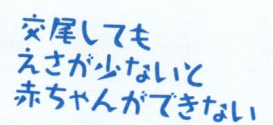

ツキノワグマ舎にて

クマって凶暴そうで怖いよ〜
北海道にいるヒグマは凶暴だけどツキノワグマはあなたよりドングリを食べたいと思うよ〜
えっ でもよくクマ出没ニュースを聞きますよ!?
本来クマは臆病な生き物だけどドングリが不作だと冬眠の時期になっても空腹で寝られず
ぬっ
おなかすいた
キャーッ
飢えたクマは人間の捨てたゴミや庭のカキの実などを求めて人の住む集落まで出てくるんだろうね
昔は動物園でも怖がりなクマのために隠れる場所を作ってあげたりしてたんだけど
最近は人になれることがわかって飼育員になついたクマが後をついて回ったりするよ
こぐまのころだけだけどね〜
そんなかわいいクマちゃんが見たい!!
あっ
あのクマハンモックで寝てる!

あのハンモックは消防署から廃棄する丈夫なホースをもらって僕と飼育員が一生懸命手編みで作ったんだよ！
あみあみ
ヒ〜
クマさんのために…
消防ホースで!? それは愛ですね！
そういえば昔親からはぐれた生後2ヶ月の赤ちゃんグマを保護して育てたことがあるんだけど
赤ちゃんでも月の輪マークがあるよ！
あのつぶらな瞳とフカフカの毛…
かわいかったな〜〜〜〜
でも体重2キロぐらいのくせに噛んでも引っかいてもものすごく力が強くてね〜〜
キャー 噛まれるぅ
カプッ
そ…そうですかところで何で育てたんです？
ハチミツ？
犬用ミルク!!
どーん
大人のクマはクマ用ペレットやナッツ、ドングリを食べているよ！
クルミをあげると奥歯で割って上手に前足で中身だけ出して食べるよ〜
クマ用ペレット
カリッ
われんっ
クマの歯強い!!
クマ舎★見どころ
◎月の輪マーク
◎飼育員についていく姿
◎食事の様子

Zoo Column

ツキノワグマも人も同じ地球の仲間だ

ツキノワグマが日本に生息しているのは、実は奇跡のようなこと。大型哺乳類はアメリカでは激減、ヨーロッパでは絶滅しています。小さな島国・日本にツキノワグマのような大型食肉目が生息していることは世界に誇れる素晴らしいことなのです。日本人は昔から森と森の生き物を大切にしてきました。森と人家の間には畑や田んぼがあり、里山は見通しがよく、臆病なツキノワグマが人里に出てくることを防いでいたのです。ですが、昭和以降の日本人は森と生きる文化を捨て、里山の荒廃が進み畑や田んぼは森になり、人家の近くにドングリが実るように。ドングリや人家から出るごみは簡単に手に入るごちそうなので、ツキノワグマは人の住む町まで出てくるようになってしまったというわけです。

これまで、僕たち人間はたくさんの生き物を消してきました。ですが、自然はバランスが大事。ある生き物が消えればしっぺ返しがきます。危ないから駆除するのではなく、ツキノワグマの生態を知り、平和に共存する道を探したいものです。まだまだ謎の多いツキノワグマですが、自然の中を歩くときは鈴やラジオをつける、ごみを放置しない、夜は一人で歩かないなど、接触を避けるためにできることはたくさんあるのです。

かわいい顔して、とにかく強い

カンガルー
Kangaroo

よく見ると筋肉ムキムキの
マッチョボディのカンガルー。
力は強くオス同士のケンカは
激しいですが、リラックス
しているときはダラダラして
いて親近感がわいてきます。

ポケットがあるのはメスだけ
小さな前脚
長く太いしっぽ
太く大きな後ろ脚

基本 DATA

【体高】
1 ～ 1.6m

【体重】
25 ～ 90kg

【主な生息地（国）】
オーストラリア

カンガルーのこと、もっと詳しく見てみよう！

体

小さな前足と、巨大な後ろ足

カンガルーをよく見てください。小さい前足（★1）は人間の手のようです。そして、筋肉質で巨大な後ろ足はいかにも強そう。キックのときは、太く長いしっぽで体を支え、両足で力いっぱい蹴ってくるのでたまりません。

移動のときは飛んで飛んで、飛びまくります。後ろ足で力強いジャンプを繰り出し、1回のジャンプで8メートルも進みます。スピードは60キロメートルを超えることも。高さ2メートルぐらいの障害物だったら、難なく飛び越えてしまいます。

このジャンプを支えるのが、長く強いアキレスけん（★2）。着地するときに縮み、ジャンプするときは思いっきり伸びます。もともとの足の筋肉に加え、アキレスけんによるバネの力が加わったようなもの。前への推進力は抜群ですが、後ろへジャンプすることだけはできません。

種類

種類はなんと70種類前後

カンガルーにはさまざまな種類があることはあまり知られていません。人より大きいアカカンガルーから、ネズミぐらいの大きさしかないニオイネズミカンガルーまで、およそ70もの種類があります。人なつこさと体の丈夫さから、日本の動物園にはアカカンガルーとハイイロカンガルーが多いです。

★1
ケンカするときは、小さいながらも前足を使ってボクシングのようなパンチを繰り出します。

★2
カンガルーがジャンプするときは、アキレスけんが活躍するため、長距離を走っても筋肉に疲労がほとんど出ないそうです。

語れるウンチク & おもしろデータ集

カンガルーのえさは鳥にもねらわれる

カンガルーは、口の中が傷つきやすいため、えさは細かくして与えます。ハトなどの鳥も、このえさが食べやすくてお気に入りらしく、えさの時間にはえさ場にハトたちが飛んできます。

前足の使い方がとてもキュート

強靭な後ろ足とは対照的に、前足は小さくかわいらしい。前足でえさを持って口に運んだり、飼育員に近づいて前足をトントン（ちょうだいちょうだい）したりします。また、両手で顔周りをウサギのように毛づくろいするのもキュート！

乳首が成長して赤ちゃんになる!?

産まれたばかりの赤ちゃんは、目も耳もなく丸い穴（口）があるだけ。嗅覚と前足のかぎヅメだけを使ってお母さんのおなかをはい上がり袋に入ります。そこでお母さんの乳首をくわえると抜けなくなります。それがだんだん成長して赤ちゃんらしくなります。その様子から昔は、「乳首が成長して赤ちゃんになる」と思われていました。

カンガルーはモフモフしたものが好き

ぬいぐるみや枕などやわらかくフカフカしたものが大好きです。それを与えると宝物のように大事にして、取り上げようとすると怒ります。お母さんのお腹の中を思い出すのでしょうか。

カンガルーは甘えん坊

最も大きなアカカンガルーでも 1g 体長 2cm ぐらいの超未熟児状態で産まれてくるため、赤ちゃんは大きくなるまで袋の中。お母さんと長い時間一緒にいるため、袋から出て一人立ちしてもお母さんに甘えます。

人間にも感染するカンガルー病の恐怖

カンガルーがかかりやすい「カンガルー病」というものがあります。土中の菌が原因です。人間も感染し、あごの骨に菌が入るとよだれや鼻水、顔の腫れなどがはじまり、食欲もなくなり放っておくと死んでしまいます。

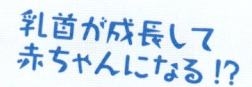

カンガルー舎にて
だら〜
あおむけのままおなかをカキカキしてるオヤジ臭いのがいる〜〜〜
安全・安心な動物園だからこんなにリラックスしてるんだね
だっら〜〜
でもカンガルーが本気出すとすっごく強いよ!
ケンカの前は低く伏せた姿勢から一気につま先立ちして胸を張り鼻をふくらませて体を大きく見せる!
ガッ
ムフー
そして前脚でパンチ!
クリンチ!
ガしっ
ドカッ
抱え込んだままキック!
ボクサーに見えてきたっ
そんなに激しいんですか!!
強いクセにフカフカした布やぬいぐるみなどが好きだったりするんだよね
汚れたからそろそろ洗おうね
お気に入りグッズを取り上げると…
返せ!!
ドカッ
キャー
キックされて2メートルほど飛ばされ骨折した事故があったとか…
わ〜〜〜〜〜

野生のカンガルーは もっとマッチョで 肩のあたりの 筋肉もムッキムキ だよ！
ムキッ
そして アキレスけんが 長くて強いから 2本足で歩行 できて
4本足で 走るより エネルギー効率が いいらしいよ
着地時
ちぢむ
ジャンプ時
のびる
コイルのバネ みたいですね
バネ
太いしっぽも 重要で体を支えつつ 前に押し出すんだ
しっぽがないと 立ってることすら 難しいだろうね
3本目の後ろ足 みたいなもの なんですかね
トットトッ
ん？
オヤツ ちょうだい
この子は人になれてて 人の背中などを トントンして食べものを おねだりするよ
ハイどーぞ
ちゃんと 前足で持って 食べてる～
食べるしぐさが かわいいでしょ
かっわいい～
今度はウサギ みたいに 前足で 毛づくろい！
カキ カキ
あの かわいいのを 私にください
ズんっっ
カンガルー舎★見どころ
◎力強い後ろ足
◎太いしっぽ
◎かわいい しぐさ

Zoo Column

お母さんの代わりに首から袋をぶら下げた日々

カンガルーの赤ちゃんの人工保育例は、日本でも多くあります。朝、動物園に出勤した飼育員が、お母さんの袋から赤ちゃんが落ちているのを見つけることは少なくありません。とりあえずは赤ちゃんをお母さんの袋に戻すのですが、お母さんは袋から落ちた赤ちゃんを育児放棄することが多いので、すぐ袋から出してしまいます。そうなると仕方がないので人工保育します。

人工保育をするとき、飼育員はお母さんカンガルーのような袋を作り、首からぶら下げてお世話をします。そんな姿の飼育員がいたら、きっとその袋の中にはカンガルーの赤ちゃんが入っているはずです。袋をぶら下げたまま掃除をしたりしている飼育員は、まさにお母さんそのもの。

僕も昔、カンガルーの仲間のワラビーを人工保育したことがあります。四六時中袋をぶら下げるのですが、さすがに夜寝るときは保育器です。大きくなってきたら、壁に袋をぶら下げるなど工夫をしていました。以前はカンガルーミルクが手に入らなかったので、ほかの動物用のものを薄く作ったり濃くしたり、苦労しました。また、せっかく飲んだかと思えば、すぐに「ゲボッ」と吐いたりして……。子育てって大変！

顔も声もしぐさも表情豊かで見飽きない

ニホンザル

Snow monkey

世界中に約 180 種のサルの仲間がいますが
たいていのサルは暖かいところで暮らしています。
中でもニホンザルは世界最北に住む種類なのです！

しっぽは
三角形で短い
大人は顔と
おしりが赤い
寒いところだと
体毛が伸びる

基本 DATA

【体長】
50 ～ 60cm

【体重】
8 ～ 15kg

【主な生息地（国）】
日本

ニホンザルのこと、もっと詳しく見てみよう！

体

雪の中でも生きていける寒さに強いサル

ニホンザルは、地球上でもっとも北に住むサル。全身が毛でおおわれているため、寒さにとても強いという特徴があります。毛はみっしりと密に生えておりモフモフ、フカフカ。保温効果は抜群です。露天風呂に入るニホンザル（★1）が知られていますが、なぜ湯冷めしないかわかりますか？　それは、毛と毛の間に空気の層があり、お湯に入っても毛の生えた部分の皮ふはほとんど濡れないからです。毛には撥水性《はっすいせい》もあるため、お風呂上がりに体をブルブルっとすれば、水が飛び散りあっという間に乾きます。

また、印象的なのが赤い顔とおしり。顔とおしりには毛がないので、この赤色が地肌の色というわけ。ですが、子どものころは赤色ではなく肌色です。成長して秋になって発情・交尾の季節を迎えると顔とおしりが真っ赤になります（★2）。

見所

春、夏、秋、冬それぞれに見る楽しみがある

ニホンザルは季節ごとに観察のポイントがあります。春は出産の季節なので赤ちゃんに会える可能性大。夏は水に飛び込んだり泳いだりと、水遊びを楽しむ姿が見られます。秋は恋の季節。成熟したオスザルの堂々としたたたずまいはすばらしいです。冬はモコモコした美しいニホンザルが見られます。吹雪のときはみんながくっつき寒さに耐えます。団子状になるので、〝サルダンゴ〟（★3）などと呼びます。

★1
長野県の地獄谷野猿公苑《じごくだにやえんこうえん》が有名。

★2
オスもメスも顔とおしりが真っ赤になります。赤い色は異性に対する性的アピールになるようです。

★3
香川県の小豆島《しょうどしま》や、大分県の高崎山自然動物園などで見られます。

語れるウンチク&おもしろデータ集

ニホンザルのオスは自由な流れ者!?

ニホンザルは数頭の大人のオス、その2～3倍の数の大人のメス、その子どもたちからなる群れで暮らします。オスは大人になる前に群れを出ていくことがあり、このサルはハナレザルと呼ばれます。オスが一生同じ群れで暮らすことはほとんどありません。

本当の意味のボスはいない!?

「外敵から群れを守り、ケンカを仲裁し、えさをみんなに分け与え、みんなに信頼されるリーダー」のようなサルはいません。ただ力の強さから、威張っているだけのオスがボスのように見えるだけです。

ニホンザルはパニックになりやすい

健康チェック、マイクロチップの装着、避妊薬の埋め込みなどのために治療室に誘導するとき、パニックになることが多いです。ニホンザルは恐怖を感じると、肛門が緩みウンチを垂れ流します。これをショック便と呼びます。

ニホンザルも花粉症になる

以前は人間以外には花粉症はないと言われていましたが、最近はニホンザルやチンパンジーも花粉症になるということがわかりました。寄生虫の駆除をきっかけに発症することがあるようです。症状は鼻水、目の腫れ、くしゃみなどです。

えさ場を求めて群れ単位で移動しながら生活する

自然の中で、群れはほぼ一定の範囲の中を動き回って暮らしています。このエリアは遊動域と呼ばれ、ほかの群れの遊動域と重なり合わないような形でだいたい決まっています。そして、日々遊動域の中を集団で移動しながら、食事をし、休み、遊び、寝るといった暮らしをしています。

ニホンザルは表情豊か

ニホンザルは怒った顔、うれしい顔など、さまざまな表情を見せます。また、態度やしぐさ、声もバリエーション豊富。こうした表情や態度から、サル同士お互いに気分を読み取りながら暮らしているのです。

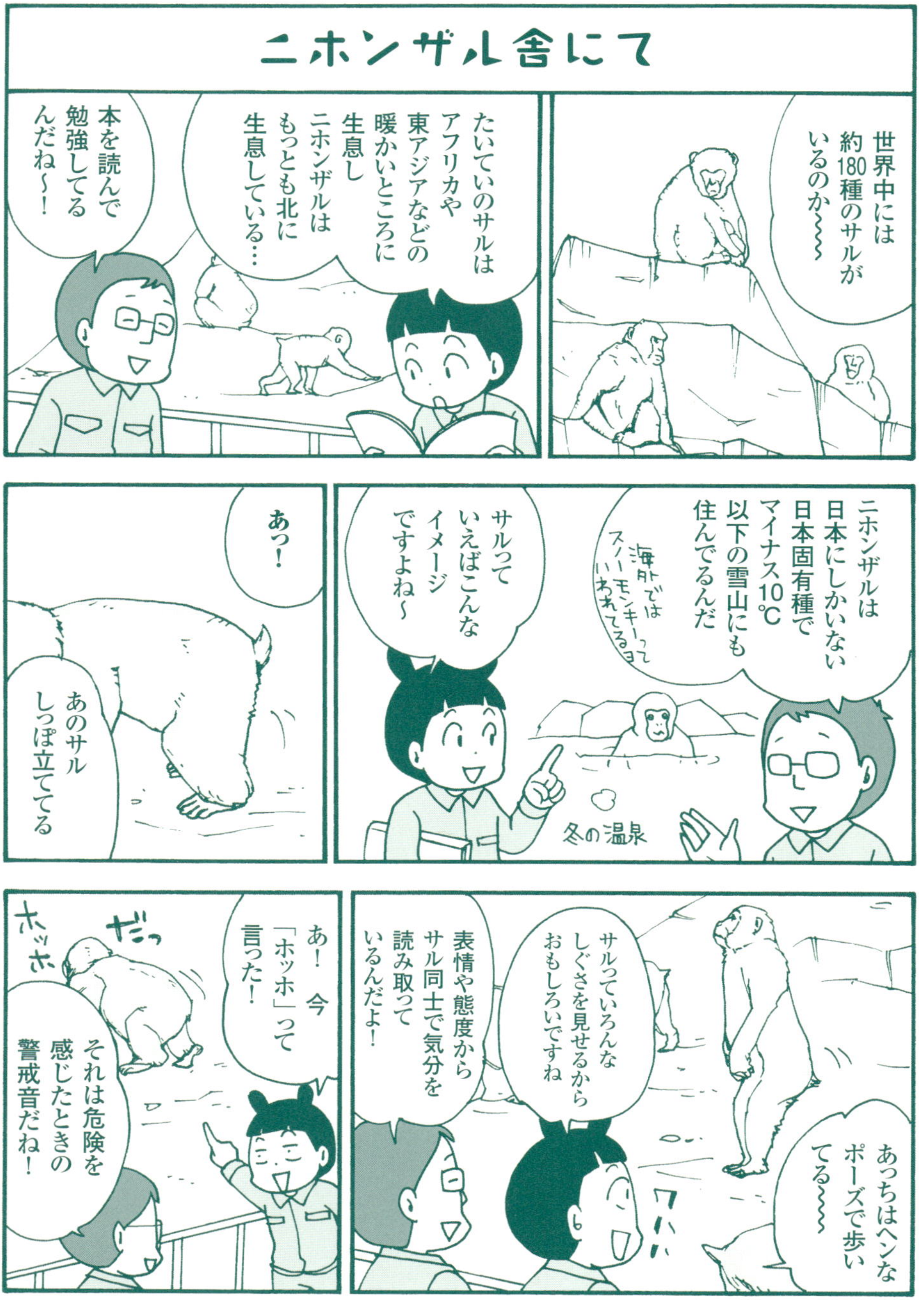

ニホンザル舎にて
世界中には約180種のサルがいるのか〜〜〜
たいていのサルはアフリカや東アジアなどの暖かいところに生息しニホンザルはもっとも北に生息している…
本を読んで勉強してるんだね〜！
ニホンザルは日本にしかいない日本固有種でマイナス10℃以下の雪山にも住んでるんだ
海外ではスノーモンキーっていわれてるヨ
サルっていえばこんなイメージですよね〜
冬の温泉
あっ！
あのサルしっぽ立ててる
サルっていろんなしぐさを見せるからおもしろいですね
表情や態度からサル同士で気分を読み取っているんだよ！
あっちはヘンなポーズで歩いてる〜〜〜
ワハハ
ホッホ
だっ
あ！ 今「ホッホ」って言った！
それは危険を感じたときの警戒音だね！

じゃあ今日は特別にこっそりサル語を教えてあげようか
サル語!?
そんなのあるんだ
「グー　グー」
これは休息や採食時のリラックスしてるときにメスや子ザルが発する声
へー!
低い声なんですね!
仲間を呼ぶときは「フォイー」「ワー」「ウリャー」
!?
サルが反応した!?
クォンクォン
「クォン　クォン」は敵に追われたときに周りに知らせる警戒音
あ　でもストレスになるから動物園ではやらないでネ
そのほか「ゴッゴ」「ガッガ」は威嚇したり攻撃して追いかけるときの声
ガッガッ
ゴッゴ!!
このように…
先生うまいですね
「ギャー」「キィイー」は攻撃されたサルが逃げるときに出す悲鳴!
他にもいっぱいあるよ!
声と状況を合わせて見るとサルの気持ちがわかりそうですネ!

みんなえさの時間だよ～
フォ～イ！
キキッ
わ――！いっぱい集まってきた!!
ダッ
みんな自分の分のえさを両手でかき集めてる！
アハハ！口に詰め込んでるのもいる！
…と思ったら強そうなヤツが来て――
のし
のし
キーッ
みんな逃げた!!
ボスに場所を明け渡したんだよ
えらそうな奴…
ムシャ
一人でゆっくり優雅に食べはじめた…！
ボスのそばにいても怒られないサルは？
あれはお気に入りのメスと子どもだね
そしてボスから逃げたサルは――
コソッ
ムシャ
こっそりほほ袋や手にえさを隠し持っていて安全な場所で食べる
ちゃっかりしてるな～

えさの時間は性格が出るよね～
えさの量が少ないときには下位のサルは上位のサルに無理やり口をあけられてほほ袋のえさを奪われることもあるんだよ
口の中のモン出せや～
そこまでするのか…!!
サルの世界恐るべし
でもあのサルなんか体も大きいし強そうなのにな～～～
ちょっと離れたところでクールにしてるタイプもいるよね～
かと思ったらボスのそばでいつも毛づくろいしてご機嫌取ってペコペコしてるサルや
ペコ
ペコ
本当はボスより強いメスのサルとかいろいろいるよ
ああん?
ちなみにボスになるには自分の力だけじゃなくメスの力も必要なんだ
大奥みたいな?
強いメスの一族がバックにつくことによりボスの地位がより安定するからね!
メス
ボス↓
メス
メス
メス
サル山にはいろんなタイプがいるから自分と似たタイプが見つかるかもネ
じっ…
なんかあのサル気になるな…
サル舎★見どころ
◎サルのしぐさや行動
◎鳴き方
◎それぞれの階級と性格

Zoo Column

サル山を率いるのは オスではなくメス!?

昔働いていた動物園で、７年近くサル山でボスとして君臨していたオスが、加齢で犬歯が抜け落ちたとき、ナンバー２とナンバー４が手を組み、クーデターを起こしたことがありました。僕たちが気づいたときには、体中に無数の噛み傷があり、指は何本か噛み切られ、顔が腫れ上がっていました。命にかかわるようなケガはありませんでしたが翌朝そのオスは死んでいました。地位転落による精神的ショックが命を奪ったのだと直感しました。

前後の群れの様子やサル達の行動から、このクーデターではメスが暗躍していたと、飼育員は直感しました。ニホンザルの群れは数頭～数十頭の女系集団。メスザルは生まれた群れで一生を過ごしますが、オスは生まれてから数年間はその群れで暮らし、ある年齢になると群れから出て行ってしまいます。つまり、群れにいる大人のオスのほとんどは、どこかからふらりとやってきて数ヶ月から数年だけしか群れにいないよそ者でしかないのです。よって、オスはリーダーと呼ぶにはほど遠い存在なのです。ということは……ボスの役割を果たしている存在はおそらくメス。前述のクーデターも、表面的にはオスザルの権力争いのように見えますが、きっとメスが深くかかわっているはずです。強いオスのボスザル像は、人間の想像が作り出したものなのかもしれません。

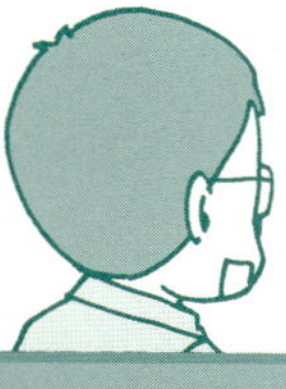

身体能力の高さと知性を持った賢いヤツ

オランウータン
Orangutan

生息地の熱帯雨林では、単独でスローな暮らしを送っていますが、動物園では飼育員との知恵比べ。人間顔負けの行動やしぐさには、日々驚かされます。

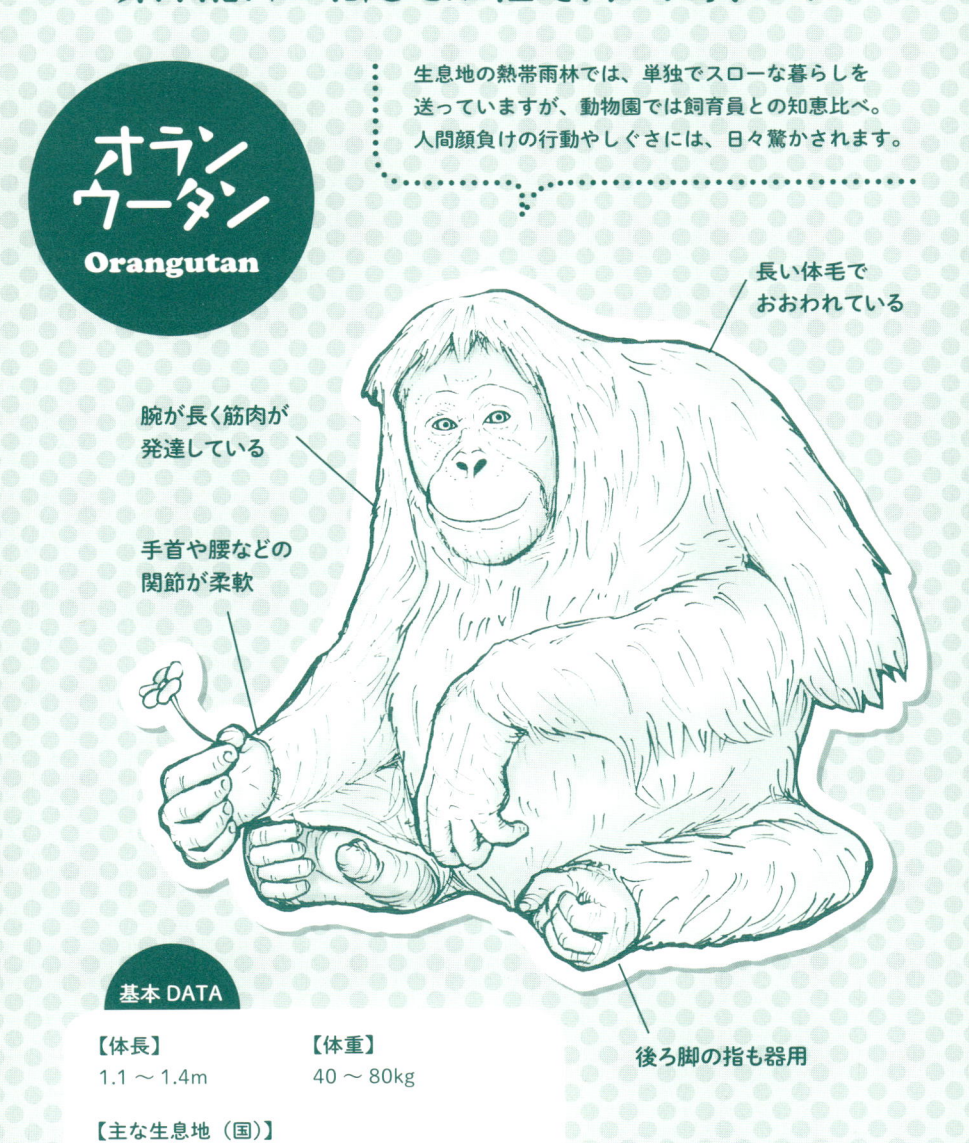

長い体毛でおおわれている
腕が長く筋肉が発達している
手首や腰などの関節が柔軟
後ろ脚の指も器用

基本 DATA

【体長】
1.1 ～ 1.4m

【体重】
40 ～ 80kg

【主な生息地（国）】
東南アジア

オランウータンのこと、もっと詳しく見てみよう！

希少

絶滅寸前の希少な生き物、オランウータン

オランウータンは、マレー語で「森の住人」という意味。ボルネオ島とスマトラ島の熱帯雨林に生息している大型類人猿です。熱帯雨林の減少により絶滅の危機にあり、この100年で生息数はいままでの20パーセントにまで減ってしまいました。

性格

複雑な感情を持ち、人間臭さがある

オランウータンは非常に賢い動物。かわいい動物では物足りなくなった〝動物園上級者〟にはオランウータンがおすすめです。ダメな飼育員を調教したり陰湿にいじめたり(★1)、聞きたくない音や声を聞かないように耳をふさいだり、やきもちを妬いたりと、感情の表れ方は人間そのもの。いえ、それ以上かもしれません。

ある夜、見回りのために寝室に行ったところ、壁に向かって吐いたものを投げ飛ばす練習をしていた子がいました。オランウータンは展示場にいるとき、カップルが通ると吐いたものを飛ばす(★2)ことがあるのですが、なんとそのときに備えて練習をしていたんです！

動物園の食事内容は、リンゴやバナナなどの果物や煮干し、ヨーグルトなどバラエティー豊かです(★3)。意外なところでは「草加せんべい」が大好きな子もいました。食事のときも、ただ食べるだけでなく、バナナの皮を細いひも状にして遊んだりと、知能の高さを感じさせるシーンがたびたびあります。

★1
実習生や新人飼育員など、弱い立場の人をいじめることがあります。叫び声を浴びせたり無視したりと、手口は陰湿です。

★2
腕の力が強いため、5メートルぐらい飛ばすこともあります。

★3
同じ類人猿のチンパンジーと比べると、食べる量が非常に少ないという特徴があります。

語れるウンチク＆おもしろデータ集

ケンカをしたら相手から徹底的に離れる

オランウータン同士でケンカをすると、長い間離れて近づこうとしません。チンパンジーと比べると、ケンカは長引き、自分がされたことをずっと根に持つ傾向があります。

ベテラン飼育員のオランウータン飼育法

ベテラン飼育員ほどオランウータンに命令もしないし、“対等なつき合い”をする傾向があります。食べ物でそそのかしたりすることもせず、お互いの信頼関係でつながります。ちょっとオランウータンのほうが偉いぐらいが良好な関係となるようです。

くちびるがやわらかくて器用

オランウータンのくちびるは、とにかくやわらかく長～く伸びます。チンパンジーもやわらかいのですが、オランウータンのほうが上。このくちびるを使って、果物や木の実の皮をむいたりします。ときどき、息を思いっきり吹き出してくちびるを「ブルブルブルブル～」と鳴らす遊びをします。

オランウータンの前をカップルで通っちゃダメ！

オランウータンはやきもち妬き。飼育員はオランウータン舎の前を必ず一人で通ります。奥さんや恋人と一緒に歩いてはいけません。飼育員が休日に家族で動物園に来ても絶対に一人。二人で歩こうものなら、翌日からやきもちで大変。寝室に引きこもったりして手こずらせます。

寝室に石を隠す子がいる!?

展示室から寝室に戻るときは、石を持ち込まないように、口の中、両手両足を確認します。いつも確認しているのに石を持ち込み、石で部屋の壁を壊した子がいました。掃除のときも石が見当たらないので本当に不思議！

オスの愛情を試すメス

メスは、オスが持っているえさを取って、その反応でおつき合いするかどうかを決めることがあります。オスが怒ったり、えさを奪い返したりすると、このオスはダメだと判断し離れていきます。

オランウータン舎にて

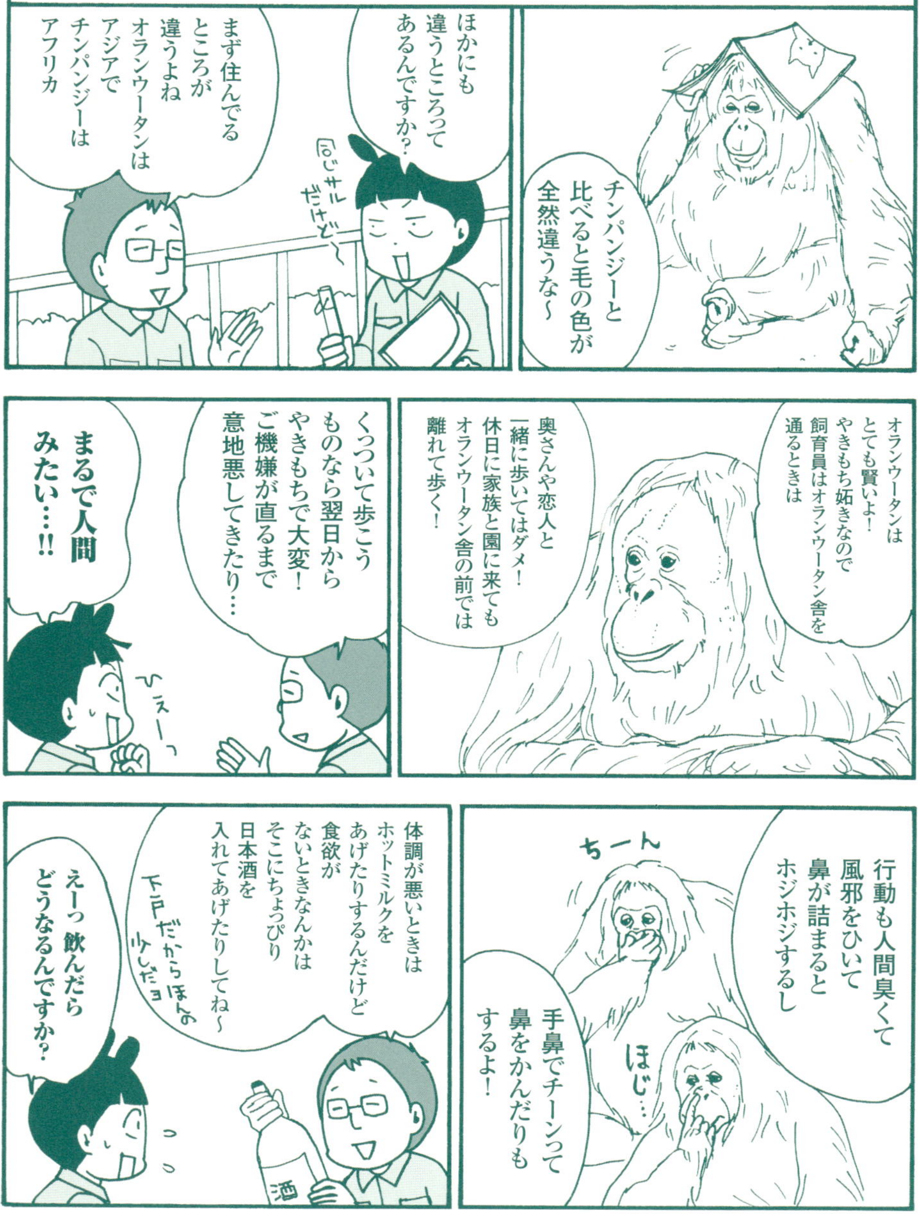

チンパンジーと比べると毛の色が全然違うな～
ほかにも違うところってあるんですか？
同じサルだけど～
まず住んでるところが違うよねオランウータンはアジアでチンパンジーはアフリカ
オランウータンはとても賢いよ！やきもち妬きなので飼育員はオランウータン舎を通るときは
奥さんや恋人と一緒に歩いてはダメ！休日に家族と園に来てもオランウータン舎の前では離れて歩く！
くっついて歩こうものなら翌日からやきもちで大変！ご機嫌が直るまで意地悪してきたり…
まるで人間みたい…!!
ひえ～っ
行動も人間臭くて風邪をひいて鼻が詰まるとホジホジするし
ちーん
手鼻でチーンって鼻をかんだりもするよ！
ほじ…
体調が悪いときはホットミルクをあげたりするんだけど食欲がないときなんかはそこにちょっぴり日本酒を入れてあげたりしてね～
下戸だからほんの少しだヨ
酒
えーっ 飲んだらどうなるんですか？

いい感じになって
ひっくり返って
気持ちよさそうに
してるね～
ゴローン
そんな酔っぱらい
いますよね～
オヤジ…
オランウータンは
知恵があるから
新人飼育員だと
調教もするよ
調教？
新人飼育員が
薬をあげる場合――
ハイ
お薬ですよ～
ちゃんと
飲んだら
おやつあげる
からね
いい子だね～
ぱくり
素直に従った
ように見せかけ…
♪
ペッ
あとで隠れて
薬を吐き出す…
新人はまんまと
信頼されてるって
思っちゃうんだけど
本当はごほうび目当てで
従順にしてるだけ
実はごほうびを
差し出すように
調教されて
いるのです！
オヤツ
よこせ…
そこまで
賢いのか!!
ハーイ
ちゃんと
のもうね
ベテラン飼育員は
オランウータンに命令
せずにお互い対等に
つき合うんだヨ
恐れ入り
ました!!
オランウータン舎
★見どころ
◎美しい毛色
◎人間臭い
しぐさ
◎飼育員との
関係性

Zoo Column

メスにモテるオスは
メスへの気遣いが上手！

オランウータンのメスは、発情期を迎えてもオスなら誰でもいいというわけではありません。人間のように「相手のえり好み」をします。多くのメスに選ばれる“モテるオス”の条件とは、体が大きく、声が大きく遠くまで響くことです。そして、そんなオスは余裕があるためメスにやさしいという特徴があります。

オスはメスの３倍以上大きく体格もいいので、本来、メスはオスを怖がります。そのため、オスがメスにアプローチするときは正面から向かって行くと逃げられてしまいます。だから、まずはメスに大きな背中を見せ、それから自分の長い毛を見せつけます。そしてメスが毛に触れると、そーっと抱きしめて、安心させます。モテるオスはメスに興味を持たせるための配慮を欠かしません。ほかのオスには強くても、メスにはやさしいオスのほうがモテるのです。これは人間にも通じるかもしれません……。

一方、メスは、オスが持っているえさに手を出してオスの反応をうかがい、相手がタイプかどうか試します。

ところでモテないオスは体が小さく、声も小さい草食系。また、モテないのに気遣いもできないので、メスが嫌がっているのに無理やり近寄って交尾行動に及んだりします。

かわいらしいのに気性が荒く興奮体質

楽しいことが大好きなので、小さな子どもがくると一緒にキャーキャー大声を出して動き回ります。くすぐれば笑い転げる楽しいヤツなのです。

チンパンジー
Chimpanzee

まばらに生えた黒い体毛
唇は薄い
後ろ脚よりも長い前脚（腕）
手は人間と似て器用

基本DATA

【体長】
63 ～ 90cm

【体重】
30 ～ 60kg

【主な生息地（国）】
西アフリカ～中央アフリカにかけて

チンパンジー
Chimpanzee

チンパンジーのこと、もっと詳しく見てみよう！

体

賢くかわいらしく、身体能力も抜群

チンパンジーと人間は遺伝子が4パーセントほどしか違わない（★1）ことをご存じですか？ それぐらいに賢く、かわいらしい動物なので動物園では大人気。そんなチンパンジーはお肉も大好きな雑食性。自然の中では、小さなサルを集団で襲って食べることもあります。また、賢いだけでなく身体能力も優れています。握力も強く30キログラムを軽く超えるといわれています。これは、成人男性の7倍以上。直径2・5センチの鉄棒を腕の力だけでグニャッと曲げたというエピソードもあります。さらに、アゴも発達しており噛む力も強烈。トンカチでも割れない木の実を一気に噛み割ったりするので驚きます。人の指などであれば簡単に噛みちぎってしまうでしょう。

性格

オランウータンより根が明るく興奮体質

性格の特徴は、同じ類人猿のオランウータンと対比するとわかりやすいです。たとえば、小学校低学年の子どもたちが近づいてきたら、オランウータンは「うるさい」という顔をして耳をふさぎますが、チンパンジーは子どもたちが歓声を上げると似たようにキャーキャーとはしゃぎだします。また、新しい飼育員が来たとき、オランウータンは精神的に追い詰めたりいじめたり。食べ物をもらっても心を開きませんが、チンパンジーは食べ物につられて新人を早々に受け入れます。チンパンジーは根が明るい性格（★2）であると言えそうです。

★1
人間に一番近い類人猿は、小型のチンパンジーの「ボノボ」。とてもおだやかな性格です。

★2
くすぐられるのが大好きでわきの下をくすぐると「アッアッアッ」と声を出して笑う子もいます。

語れるウンチク＆おもしろデータ集

最大の武器は犬歯

かわいらしい顔をしていますが、口の中には鋭く太く尖った犬歯があります。相手に犬歯を見せつけることは戦いの合図です。

チンパンジーに鏡を見せると……？

チンパンジーに鏡を見せると子どものチンパンジーは、鏡の自分に威嚇したりしますが、大人のチンパンジーは鏡に映るものを自分だと認識しています。鏡を見ながら、自分の顔にできた吹き出もののお手入れをする子もいます。

お客さんも遊び相手だと思っている

チンパンジーは人間が好きで、特に小さな子どもが大好き。お客さんのことは遊び相手だと思っているようで、子どもが団体で来るのを遠くから見つけると、待ちかねたようにはしゃぎだします。

ケンカを平和的に収めるテクニックとは？

チンパンジーは、ケンカをしたあと仲間同士でハグをしたりします。また、気が立っているケンカの当事者にグルーミングをして心を落ち着かせてあげたりすることもあります。

チンパンジーは気性が荒くテンションも高め

新人飼育員や実習生などが来たら、まずは叫ぶ、部屋の格子をたたく・蹴るなどして威嚇します。自分の強さをアピールし、相手が怖がる様子を見て喜んでいるのです。また体を動かすこと、誰かと一緒に遊ぶことが好きで常に活発に動いています。

ウンチを汚いと感じるのは人間だけ

人間との遺伝子が4%ほどしか違わない、とても賢いチンパンジーでも、ウンチを汚いとは考えず、ときには食べることもあります。理由は判明していませんが、ウンチの中に消化されずに出てきた栄養分があるからなどと言われています。

遊ぶことがとにかく大好き

おもちゃを与えると、まずたたき、次に投げて、遊びだします。坂道に段ボールを敷くとその上で、滑り台のようにして遊ぶことを発見した子も。また、長靴のにおいをかいだり、かぶったりして遊ぶのが好きな子もいます。とにかく遊びが大好きなのです。

チンパンジー舎

ギャーギャー
キャーッ
小学生の団体とチンパンジーが盛り上がってますね
ワー
キャー
お客さんが声を上げるとそれに便乗してチンパンジーも騒いで遊ぶの
チンパンジーは陽気で明るいけどこれがオランウータンだったら「もううるさい!」って耳をふさぐよね
うるさいのは嫌いなのか～
たまにそんな人いますね…
群れで暮らすチンパンジーは母親やお姉さんおばさんからいろいろなことを習うんだよ
じゃあ動物園生まれの子は?
チンパンジーの子を見たことがないし子育ても知らないから出産した子どもが自分の子ってわからないんだ
だからそのまま地面に置きっぱなしにしちゃったり
なになに?
ときには投げつけてしまったりするんだよ
イヤーッ
育児放棄…
あちゃっ

そうなると先生たちの出番ですよね!
うん昔同時期に育児放棄されたチンパンジーとオランウータンの子を一緒に育てたこともあるよ!
賢い動物は子ども時代が長いんだ
犬1年
ハムスター2ヶ月
チンパンジー10年
未熟で生まれていろんなことを学びながら育つんだ
チンパンジーの子は自分の仲間を見たことがなかったから自分のことを人間かオランウータンと思ってたみたいでね〜
自分=目に見えるモノって感じなのか〜
パパ!
我が娘アサコかわいかった…
かわいいかわいいチンパンジーだけど犬歯は太くとがって鋭いよ!
犬歯を見せるのは「戦うぞ!」っていう合図ですよね!
アサコも女の子なのにすごいのよ〜
犬も一緒だね!犬歯を見せる相手にはそれ以上近づかないこと!
反対に戦う意志がない場合はおしりを向けて「あなたにはかないません」って意思表示するからね
心ゆくまで見て下さい…
しぐさで会話するんですね!
なるほど!
チンパンジー舎★見どころ
◎明るい性格
◎するどい歯
◎意思表示のしぐさ

Zoo Column

チンパンジーも人間も同じ感情から笑うのである！

人が笑うときは息を吐き出しますが、チンパンジーは吸ったり吐いたりしながら笑うため、人間とチンパンジーの“笑い”はまったく違うものとされていました。ですが、よく観察してみると、人と同じように息を吐きながら笑っているのがわかります。この笑い方は発声に関係し、話す能力には欠かせないものです。チンパンジーにこの笑い方ができるということは、練習すれば言葉を発するようになるのかもしれません。

ところで笑いとはどういうものでしょう？　笑いは、大きく分けて次の２つ。声を出しながら笑う「ラフ」と、声を出さずににっこりとほほ笑む「スマイル」。

チンパンジーはくすぐられて笑うのが好きなので、ラフは間違いなくしています。では、スマイルは？　チンパンジーは、仲間と遊んでいるときや、僕や飼育員と遊びたくてウズウズしているときに、口を丸く開けた表情をします。この表情を「プレイ・フェイス」と呼びますが、まさにスマイルそのもの。

このように考えると、チンパンジーの笑いは、表情・呼吸法・声に人との共通点があるといえます。私たちの笑いも、チンパンジーの笑いも同じ感情から起こるもののようです。

すらりとした脚、長い首の進化した美しき鳥

フラミンゴ
Flamingo

湖や沼で優雅にえさを
ついばむフラミンゴ。
意外と知られていない
美しいピンク色の秘密や
すらりと細い脚の理由を、
大公開します！

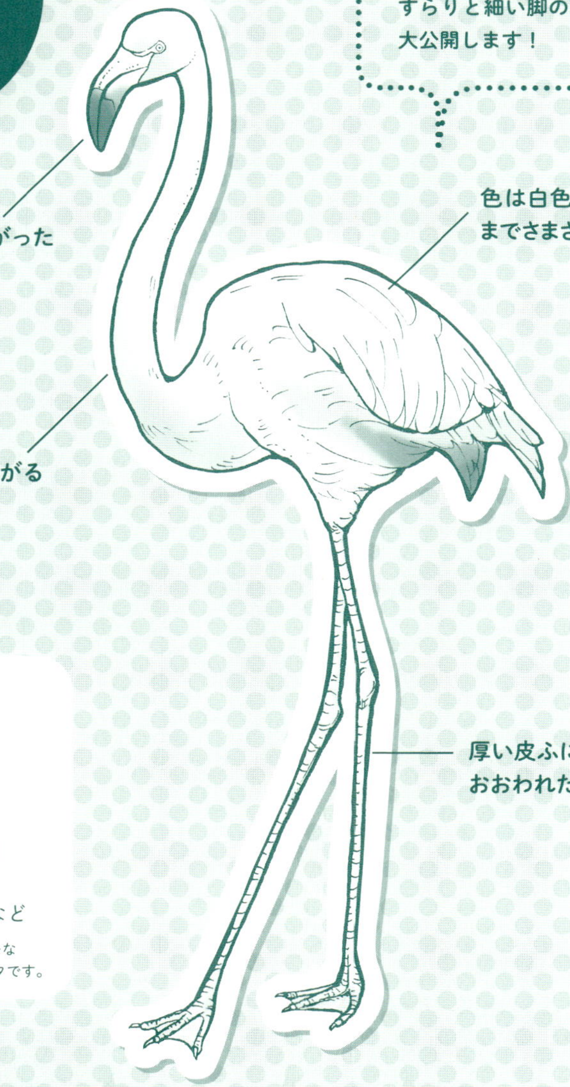
下向きに曲がった
くちばし
色は白色～ピンク色
までさまざま
自由に曲がる
長い首
厚い皮ふに
おおわれた長い脚

基本 DATA

【全長】
1.5m

【体重】
4kg 以上

【主な生息地（国）】
中央・南アメリカ、
アジア、アフリカなど

※世界でもっともポピュラーな
「オオフラミンゴ」のデータです。

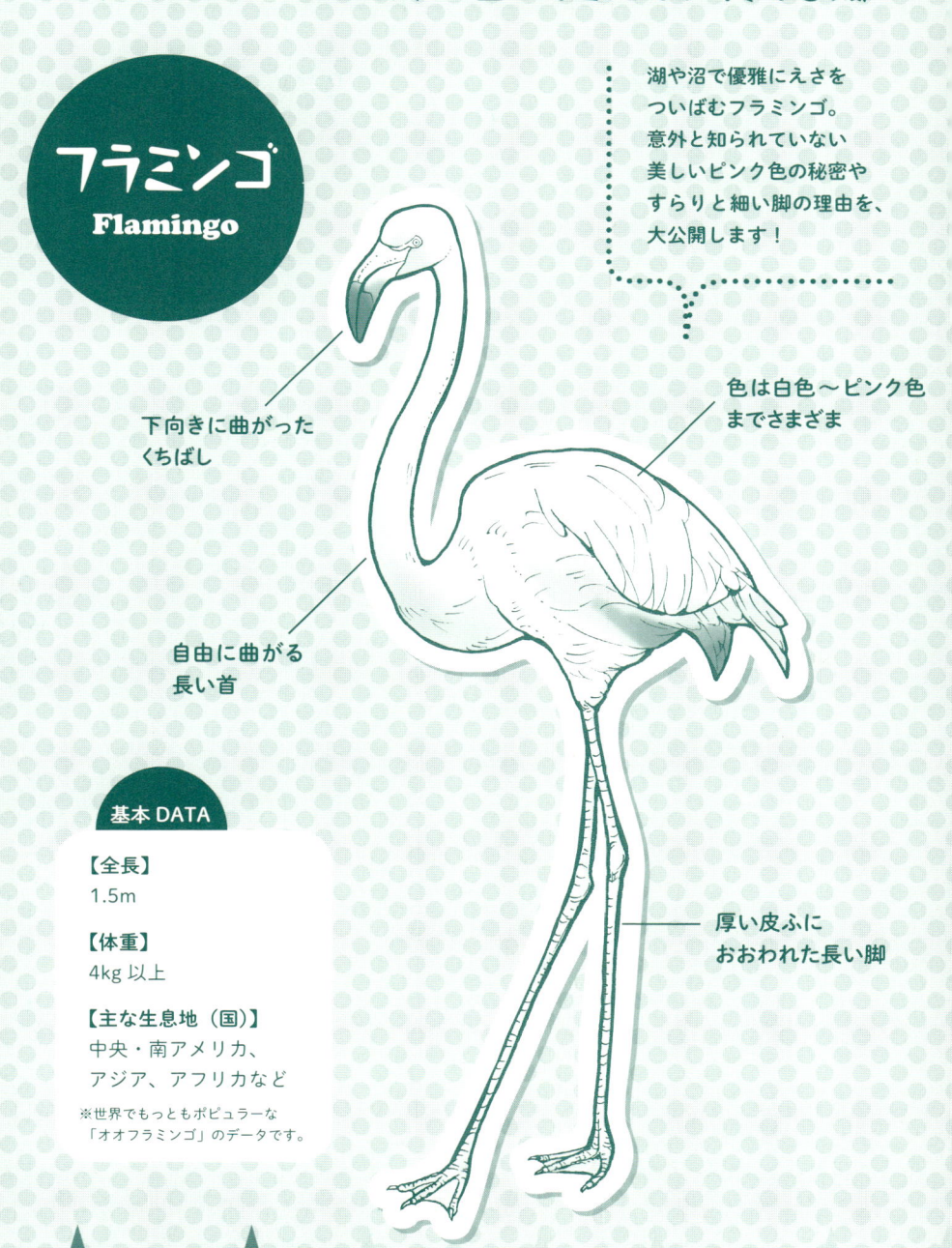

フラミンゴのこと、もっと詳しく見てみよう！

特徴

プランクトンを効果的に食べるために進化！

フラミンゴは熱帯や亜熱帯の浅い湖などに生息しています。社交的で仲間が大好きなのでいつも群れで行動します。ときには100万羽に及ぶ大きな群れを作ることも。自然下でのえさは、プラクトン（★1）や甲殻類など。水の中にくちばしを入れ、カシャカシャとものすごいスピードでくちばしを動かします（★2）。上のくちばしの縁には、クシのようなギザギザがついており、このギザギザ部分にプランクトンをひっかけ、水だけを外に捨てます。舌にも突起物があり、ここにひっかかったプランクトンを飲み込みます。この一連の動作は、器用にものを食べられるように進化した結果です。ぜひこの特徴的な食べ方を、観察してみてください。

足

片足立ちをするのにはワケがある

フラミンゴといえば一本足で立っているイメージがあると思います。水の中で生活するので、体温を奪われないため片足だけは水に浸からないようにしているからです。動物園で観察していると、確かに冬の寒い日は片足立ちをしています。

フラミンゴの足ですが、皮ふはとても厚くなっています。生息地の湖は強アルカリ性のため、普通の厚さではただれてしまうため、このようになったといわれています。ですが足が細く、ケガをしやすいという弱点もあります。

★1
フラミンゴの生息している湖には、スピルナというβカロチンを大量に含んだ植物プランクトンが生息しています。フラミンゴはこれを食べて体をピンク色にしています。

★2
器用に動くくちばしですが、わずか1センチしか開きません。

語れるウンチク&おもしろデータ集

フラミンゴの首は自由じざいに曲がる

フラミンゴの首の骨は17本（哺乳類はたいてい7本）あるため、比較的自由に曲げ伸ばしができ、S字にぐにゃっと曲げることもあります。

フラミンゴのヒザは逆に曲がる!?

フラミンゴの脚を見ると、ヒザらしき部分がふくらんでいます。ここは、人間とは逆の方向に曲がっているので、「ヒザが逆に曲がっている！」とよく言われます。ですが、逆に曲がっている部分は実はかかと。フラミンゴの立った姿勢は、人間の「つま先立ち」のような姿勢なのです。

フラミンゴはシンクロ上手

フラミンゴは警戒心と集団性が強いので、みんな同じ動きをします。1羽が向きを変えると、ほかの個体も同じ向きになります。シンクロやマスゲームのようで見応えがあります。

かつて動物園のフラミンゴは白かった

フラミンゴフードのないころは白いフラミンゴがいました。フラミンゴ専用に開発されたフラミンゴフードには、フラミンゴを赤（ピンク色）にするβカロチンという栄養成分がたっぷりと含まれています。

えさ場の湖や沼の水が羽にかかると痛んでしまう

生息地は塩分が強いアルカリ性の湖や沼。この水がかかると羽が傷んでしまうため、脚が長くなりました。長い脚に合わせて、くちばしを水面に届かせるために首も長くなりました。

フラミンゴは飛べるのか？

フラミンゴは飛べます。動物園でオリに入れたり、屋根をつけたりしなくても逃げないわけは、「飛ぶには長い助走が必要だから」です。また、動物園では定期的に生え変わる風切り羽を片方だけ切ります。これにより左右のバランスが崩れ飛べなくなります。

土の山に産卵する

動物園では、高さ30cmぐらいの土の山に1回に1個の卵を産みます。この山は、泥を集めてフラミンゴ自身が作ります。なかなか卵を産まないときは飼育員がフラミンゴの代わりに山を作ると、それをベースに自分なりの山を整えて卵を産むことがあります。

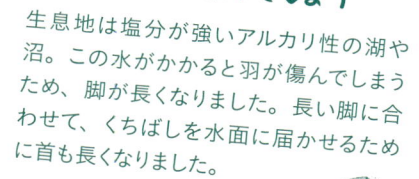

フラミンゴ舎にて

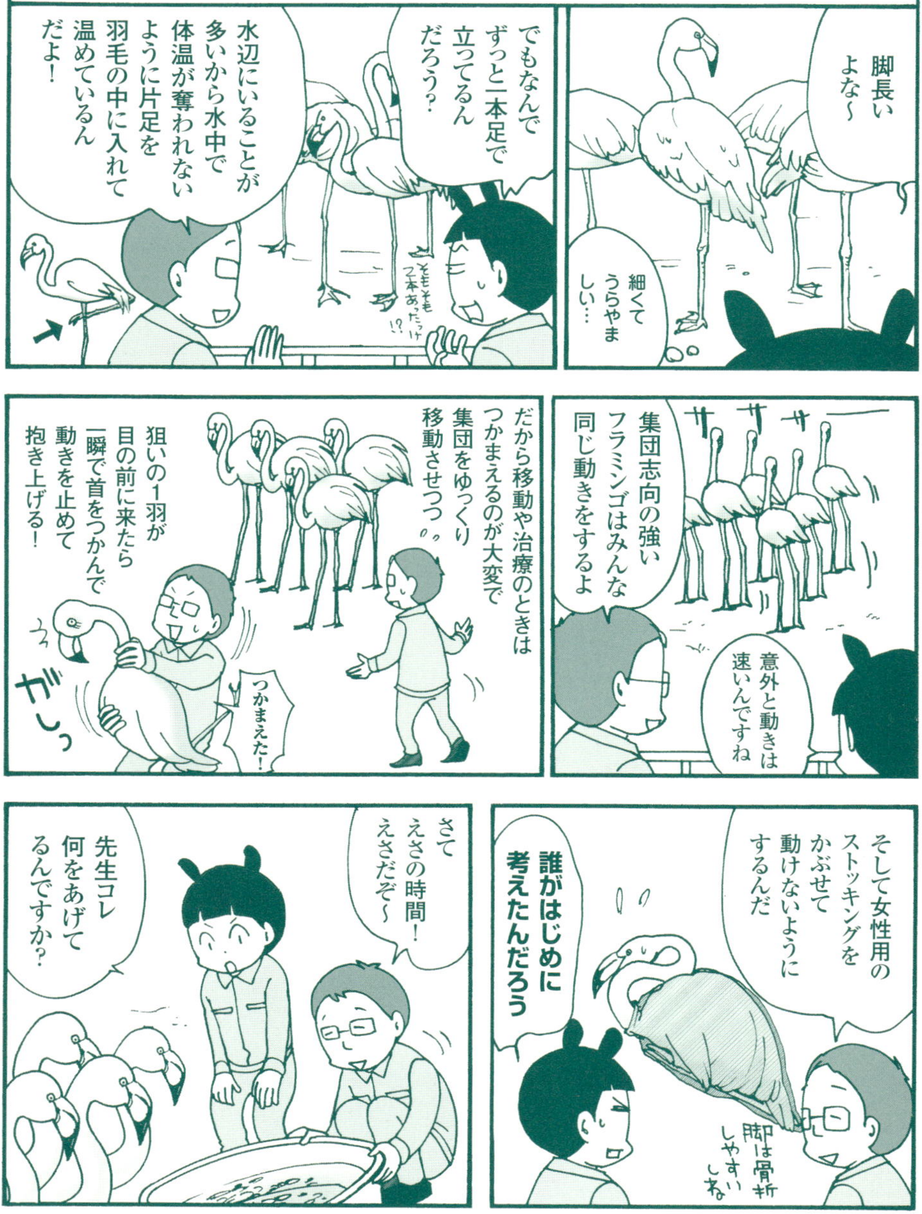
脚長いよな～
細くてうらやましい…
でもなんでずっと一本足で立ってるんだろう？
水辺にいることが多いから水中で体温が奪われないように片足を羽毛の中に入れて温めているんだよ！
そもそも2本あったっけ
!?
集団志向の強いフラミンゴはみんな同じ動きをするよ
サササー
意外と動きは速いんですね
だから移動や治療のときはつかまえるのが大変で集団をゆっくり移動させつつ
狙いの1羽が目の前に来たら一瞬で首をつかんで動きを止めて抱き上げる！
ガしっ
つかまえた！
そして女性用のストッキングをかぶせて動けないようにするんだ
誰がはじめに考えたんだろう
脚は骨折しやすいしね
さてえさの時間！えさだぞ～
先生コレ何をあげてるんですか？

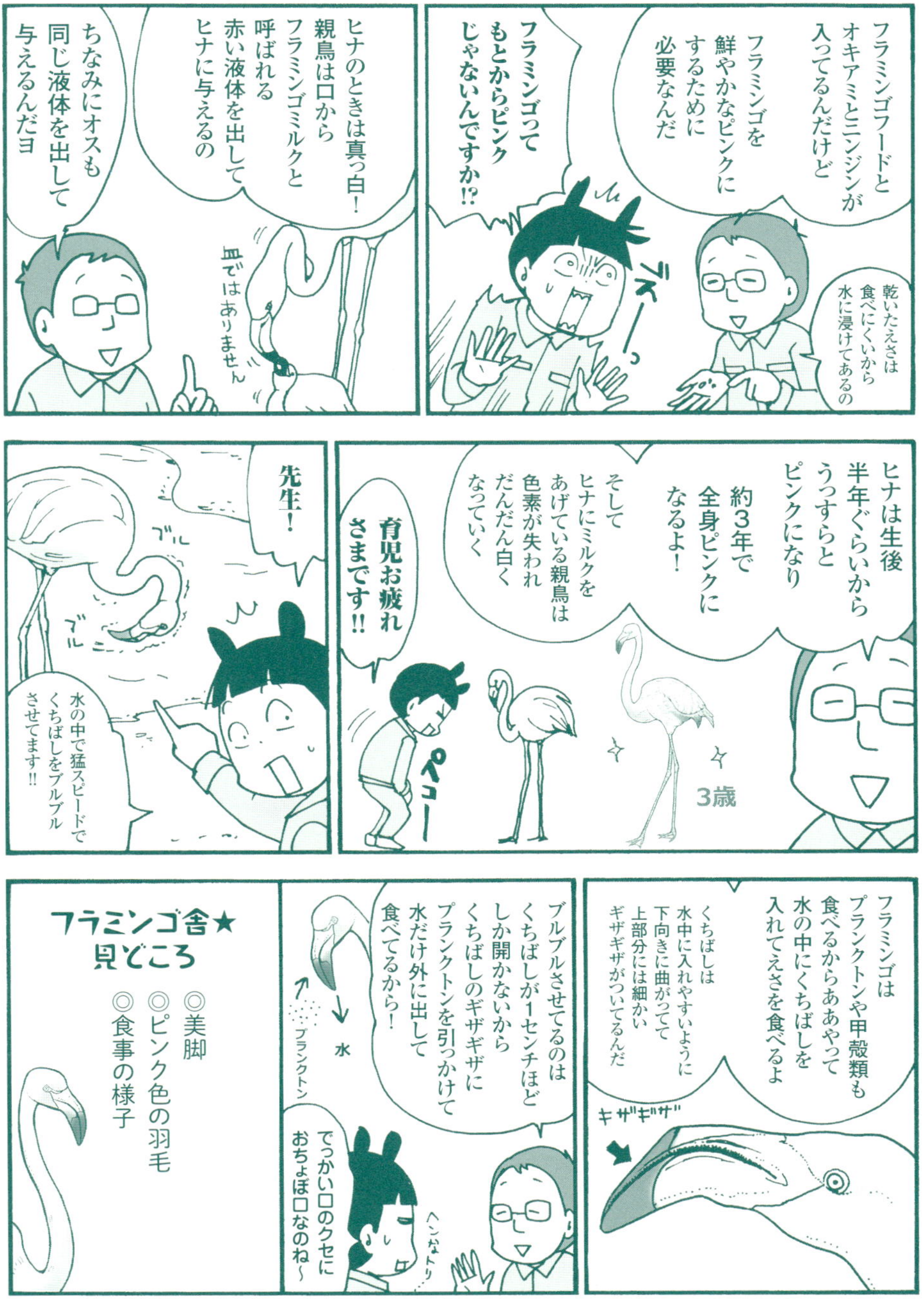
フラミンゴフードとオキアミとニンジンが入ってるんだけど
フラミンゴを鮮やかなピンクにするために必要なんだ
乾いたえさは食べにくいから水に浸けてあるの
フラミンゴってもとからピンクじゃないんですか!?
ブスーっ
ヒナのときは真っ白！
親鳥は口からフラミンゴミルクと呼ばれる赤い液体を出してヒナに与えるの
血ではありません
ちなみにオスも同じ液体を出して与えるんだヨ
ヒナは生後半年ぐらいからうっすらとピンクになり
約3年で全身ピンクになるよ！
そしてヒナにミルクをあげている親鳥は色素が失われだんだん白くなっていく
3歳
育児お疲れさまです!!
ペコー
先生！
ブル
ブル
水の中で猛スピードでくちばしをブルブルさせてます!!
フラミンゴはプランクトンや甲殻類も食べるからああやって水の中にくちばしを入れてえさを食べるよ
くちばしは水中に入れやすいように下向きに曲がってて上部分には細かいギザギザがついてるんだ
ギザギザ
ブルブルさせてるのはくちばしが1センチほどしか開かないからくちばしのギザギザにプランクトンを引っかけて水だけ外に出して食べてるから！
水
プランクトン
でっかい口のクセにおちょぼ口なのね～
ヘンなトリ…
フラミンゴ舎★見どころ
◎美脚
◎ピンク色の羽毛
◎食事の様子

Zoo Column

フラミンゴが安心する鏡のヒミツ

フラミンゴ舎に鏡があるのを見たことがありますか？　実は鏡を見ながらフラミンゴが身づくろいするために設置されているのです！

というのはウソで、フラミンゴのメンタルケアのために動物園では鏡を入れます。フラミンゴは自然の中では何万羽もの群れで暮らしているので、たくさんの仲間といると安心するのです。これは、「仲間がいるところにはえさがある」「ペアリング（繁殖）の機会がある」などの理由からなのでしょう。

動物園で観察してほしいのはその動き。ひとりぼっちになるのがとっても嫌なので、1羽がある方向に動くとほかの仲間たちもいっせいに同じ方向に動き出します。とはいえ、動物園で飼育できるのはせいぜい数十羽。そこで、鏡を設置することにしたのです。そうすると、鏡に映ったたくさんのフラミンゴたちを仲間だと錯覚させることができます。また、狭い飼育場も広く見せる効果まで！

僕が勤務していた動物園でも鏡を設置したことにより、安心したのかフラミンゴが巣を作り、卵を産むようになりました。「ここは安心だ」と思えば、繁殖行動も活発になるんですね。たかが鏡でも、安心効果は無限大です。

眼光は鋭いのに地蔵のように動かない謎の鳥

ハシビロコウ

Shoebill

「まったく動かない鳥」として知られていますがえさの時間だけは一変。大きなくちばしで魚をくわえて飲み込む様子は、迫力満点です。

オウムのような
換羽（飾り羽）

木靴のような
大きく幅広いくちばし

広げると2メートル
にも達する翼

基本 DATA

【全長】
1.1 ～ 1.4m

【体重】
4.5 ～ 6.5kg

【主な生息地（国）】
中央アフリカ

ハシビロコウのこと、もっと詳しく見てみよう!

行動

飛ぶときと狩り(えさ)のときはアクティブ!

ハシビロコウの「コウ」は、「コウノトリ」の「コウ」(★1)。ハシビロコウの独特な風貌で飛ぶ姿は怪鳥や恐竜にも見えますが、コウノトリの仲間とされています。生息地はアフリカですが、現在は1000~2000羽ぐらいしかいません。

この鳥の特徴は、「とにかく動かないこと」。1時間でも2時間でもまったく動かずにいることができます。これは、気配を消してえさの肺魚(★2)をねらうために進化した結果。大きなくちばしも肺魚をとらえるのに役立ちます。ただ、鳥なのでもちろん飛ぶこともあります。それも、その場で大きな翼を羽ばたかせることによって、ふわっと浮かんでいきます。湿地に生息しているため、助走なしで飛べるのはとても有利なことです。また、コンクリートや岩のように重そうな見た目ですが、体は意外と軽量です。

姿

動かない鳥が年を取ると仙人のようになる

目は頭の大きさに対して大きいほうです。瞳孔の周りの色が黄色~金色のものは若い個体で、高齢になるとだんだん青くなることがわかっています。いろいろと謎の多い鳥で、寿命もわかっていませんが、40年以上は生きるといわれています。若い個体でも動きが少なく老成した雰囲気ですが、高齢になった個体はさらに動かなくなります。その姿は哲学的で、仙人のようなオーラを放ちます。

★1
ハシビロコウはコウノトリ目ハシビロコウ科に分類されていますが、ハシビロコウ科の鳥はハシビロコウだけです。飛ぶ姿からはサギ、DNA研究からはペリカンに近いのではないかという説も出ており、謎の多い鳥です。

★2
文字通り、肺を持った魚。水面に口を出して肺呼吸を行います。その瞬間をじっとねらっているのがハシビロコウです。

語れるウンチク&おもしろデータ集

ハシビロコウは白目になる!

えさをつかまえるときと、頭を上げ魚を飲み込むとき、ハシビロコウの目は白目になります。正確にいうと、瞬膜《しゅんまく》という半透明の膜が目を守るために出てきたもの。そのため白く見えます。

くちばしに鉤《かぎ》がある

大きなくちばしの先に鉤状の部分があり、魚をがっちりとらえます。魚をつかまえたら、くちばしで頭をバキバキと噛みくだきます。

漢字で書くと「嘴広鸛」

嘴はくちばし。鸛はコウノトリ。くちばしが広いコウノトリという意味です。ちなみに英語では shoebill。shoe は靴、bill はくちばし。学名は「Balaeniceps rex」、ラテン語で「クジラ頭の王様」という意味です。

くちばしの意外な役割

アフリカの灼熱の太陽からヒナを守るため、くちばしに水をいっぱい含んでヒナにかけることがあります。食べたものを吐き戻して、ヒナのための離乳食もくちばしの中で作ってあげています。

動物園のえさはコイ

ハシビロコウの好物の肺魚は入手困難なので、動物園ではコイをあげます。ウロコがのどにひっかからないように頭から丸呑みしたり、くちばしで何等分かに分けてから食べたりと、個性が出ます。えさの時間に行くと豪快な食べ方が観察できて楽しいですよ。

動かないのは消化のためでもある

大きな肺魚を食べるため、消化に時間とエネルギーを使います。ハシビロコウが1日に消費するエネルギーの30%は、消化するために使っているとも言われています。

飼育員にあいさつする!?

ハシビロコウは飼育員によくなつきます。飼育員のあとをトコトコついて歩いたり、目が合ったら頭を下げてあいさつをしてきたりします。

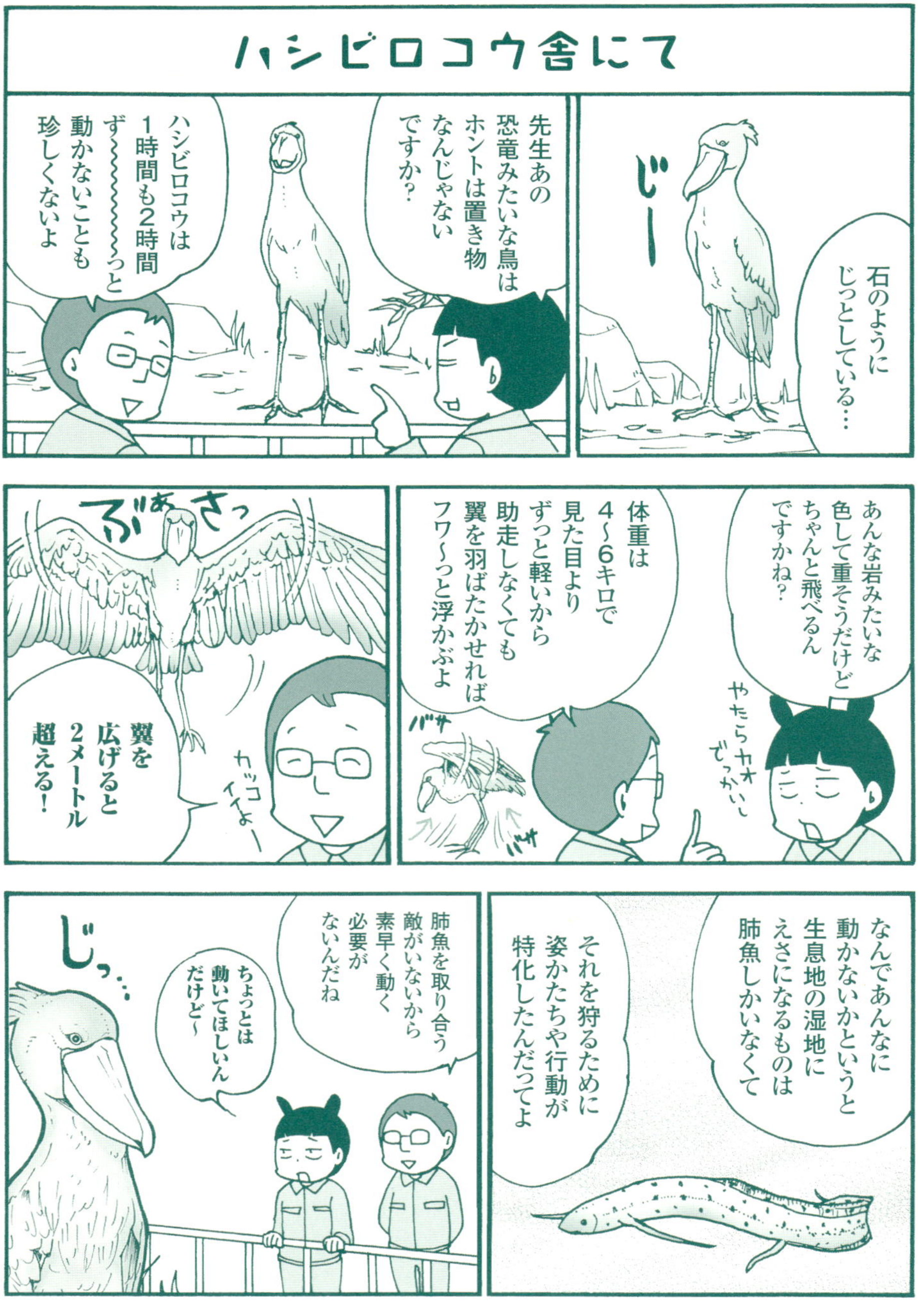

ハシビロコウ舎にて
じーー
石のようにじっとしている…
先生あの恐竜みたいな鳥はホントは置き物なんじゃないですか？
ハシビロコウは1時間も2時間もず〜〜〜〜〜〜っと動かないことも珍しくないよ
あんな岩みたいな色して重そうだけどちゃんと飛べるんですかね？
やたらカオでっかいし
体重は4〜6キロで見た目よりずっと軽いから助走しなくても翼を羽ばたかせればフワ〜っと浮かぶよ
バサ
バサ
ぶあさっ
翼を広げると2メートル超える！
カッコイイよー
なんであんなに動かないかというと生息地の湿地にえさになるものは肺魚しかいなくて
それを狩るために姿かたちや行動が特化したんだってよ
肺魚を取り合う敵がいないから素早く動く必要がないんだね
ちょっとは動いてほしいんだけど〜
じっ…

肺魚って肺呼吸する魚で数時間に一度水面に顔を出すから
ハシビロコウはその瞬間がくるのを気配を消して待つんだ
バシャッ
ビチ
ビチ
そして肺魚が顔を出したら大きな頭の重さを使ってハンティング!!
動物園で肺魚はあげられないから主に生きた鯉をあげるんだけど一撃で仕留めるよ!
かっこいいよ〜
大きなくちばしも肺魚をとらえるために進化した結果なんですね!
ハッ! よく見ると頭の後ろに羽がある!!
興奮したり緊張したりするとピョンと立ち上がるよ!
オカメインコもそうだけど頭の飾り羽の役割はたいてい同じ
感情の変化にともなって頭の羽も動くんだよ
じっ…
怖いんですけど
ものすごい目つきが悪いけど怒ってるワケじゃないんですね〜
ハシビロコウ舎★見どころ
◎置き物のような姿
◎食事の様子
◎頭の飾り羽
じっ…

Zoo Column

ハシビロコウは飼育員に求愛する!?

ハシビロコウは群れでいるよりも、単独行動を好みます。そのため複数を同じスペースで飼うと、けっこうケンカをします。それなのに、飼育員のことだけは大好き。人のことは完全に見分けています。音に対してもとても敏感で、大好きな飼育員の存在は、遠くから聞こえる足音でも気づきます。

以前、僕が「伊豆シャボテン公園」のビルという名前のハシビロコウに会いに行ったときのことです。僕が飼育員と一緒にいると、ビルが目の前に出てきて、飼育員に頭を下げおじぎしてから、体を飼育員にすりつけてきたのです。これは一種の求愛行動。木の枝をくわえて、「一緒に巣を作ろうよ！」とでも言いたげに、飼育員に見せに来たというエピソードも。

逆に、嫌いな人にはゆっくりと近づいて、いきなりくちばしで攻撃することも。僕はビルにくちばしでガブっとやられたので嫌われたんだろうな。ビルの飼育員と一緒にいたからやきもちなのかも。

ハシビロコウ同士でも好き嫌いはあるようで、嫌いな相手には大きなくちばしをカンカン鳴らして威嚇したり、羽を広げて追い払ったりと、じっくり見ていると、さまざまなしぐさが見られます。好きな相手にはおじぎで求愛。気持ちが態度に出るタイプ……？

闇にまぎれ音もなく獲物をねらうハンター

フカフカの羽毛と黒目がちの愛らしい顔。
ペットとしても人気のフクロウですが、
ハンターとしてのポテンシャルはトップクラスなのです。

フクロウ
Owl

顔は丸く、中央がへこんでいる
目は大きく、眼球は筒型
くちばしは小さいが開けると大きな口
やわらかい羽毛

基本 DATA

【全長】
50 ～ 60cm

【体重】
500 ～ 950g

【主な生息地（国）】
日本など

※日本で一般にフクロウと呼ばれる「ウラルオウル」のデータです。

フクロウのこと、もっと詳しく見てみよう！

体

フクロウの真骨頂は狩りに特化した形状

フクロウにはさまざまな種類がいますが、すべて肉食で、昆虫や鳥などの小型動物を食べます（★1）。ほとんどの種類は夜間に活動（★2）するため、夜でもよく目が見え、獲物に気づかれずに活動できます。それ以外に、音を立てずに飛べること、聴力がすぐれていることなど、フクロウは狩りに有利な形態となっています。

また、「耳で見る」とたとえられるように耳の能力も抜群。聴力自体は人間より少々優れている程度ですが、顔が凹凸になっているため音を的確に耳に誘導できるのです。そのため、獲物が出すわずかな音も聞き逃しません。狙いを定めたら、鋭いツメで獲物を殺し、音もなく捕獲していきます。

食事

何を食べたかは「ペリット」でわかる

獲物を食べる姿はダイナミック。くちばしは小さめですが口は意外と大きく、開けるとネズミを軽く丸呑みできるほど。その後、消化されなかった昆虫の殻や動物の骨などをかたまりとして吐き出します。このかたまりをペリット（★3）といいます。フクロウの巣やねぐらをよく見ると、ペリットがたくさんたまっています。運がよければ、お客さんも動物園での観察中にペリットを吐き出すシーンが見られます。ただ、フクロウは肉食動物。ネズミなどの小動物を食べるシーンや、その骨が入ったかたまりを吐き出すシーンは少々グロテスクかも!?

★1
魚を食べるウオクイフクロウという種類もいます。

★2
白色の羽毛が特徴のシロフクロウなど、昼行性《ちゅうこうせい》の種類も少数います。

★3
一見すると糞のような形状ですが、内容のほとんどが骨や羽毛なのでよく見るとわかります。フクロウ以外にワシやタカなどの猛禽《もうきん》類はすべてペリットを吐き出します。

語れるウンチク＆おもしろデータ集

ヒナが落ちていても心配しないでOK

フクロウのヒナは羽が生えそろわず、まったく飛べない段階で巣から飛び出します。親鳥は地面にいるヒナにせっせとえさを運んでくるので心配はありません。それに、ヒナは鋭い爪とくちばしを使って木を登って巣に戻ることができます。

フクロウは自分で木に穴を開けられない

フクロウが巣を作り繁殖するためには、大きな穴が開いた木が必要ですが、フクロウは自分で木に穴を開けることができません。そのためもともと洞穴が開いた木や、ほかの鳥が作り、使い終わった巣穴などを使います。

変わった習性を持つフクロウあれこれ

フクロウには200を超える種類があり、プレーリードッグが使っていた巣穴に住む「アナホリフクロウ」や、サボテンの中に住む世界最小のフクロウ「サボテンフクロウ」、魚やカエルなど淡水にすむ動物だけを食べる「ウオクイフクロウ」など、変わった習性を持つフクロウもいます。

フクロウの目は筒状

フクロウの目（眼球）は真ん丸ではなく、望遠レンズのような筒状。このため遠くの物がよく見えます。また、眼球は頭蓋骨に固定されており、目だけを動かすことができません。その代わりに首を270度回転することができます。

獲物を丸呑みするのは健康の秘密!?

フクロウは獲物を丸呑みし、消化できない骨や羽、毛などをペリットとして吐き出します。だったら最初から消化のいいものだけ食べさせたらどうなの？と思いますが、やはりもともと持っている機能を使わせるほうが健康でいられることがわかっています。

明るいところでも目は見える

「フクロウは昼は目が見えない」というのは誤解で、昼に人間よりもよく見える種類のフクロウ（ワシミミズクなど）もいます。北極に住むシロフクロウにいたっては昼でも狩りができます。

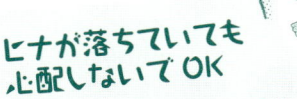

フクロウ舎にて
お〜い 犬養ちゃん フクロウ見せて あげるよ〜
わっ 先生どっかの 魔法使い みたいですっ
メガネとふくろうだけ!!
ほら 触ってごらん! フクロウの魅力は この触り心地♥
うわっ フッカフカだ!! さすが羽毛 100%ですね!!
この羽はすごく 優秀なんだ! フクロウは無音で 飛ぶんだけど 風切り羽に小さな ギザギザがついて いてこれが 空気抵抗を減らす 役割を果たすの!
ココ
びろーん
たいしたモンだぁ
わっ よく見ると すごいツメ!
脚の力も 強いよ〜〜〜! フクロウの 足は前にも 後ろにも 向けられて 物をつかむのに すごく都合が いいんだ!
太い足!!
ちなみにハヤブサの 場合はフクロウより ずっと速く飛べるけど バサバサって 羽音がしちゃう
バサ
バサ
ヒュンッ
同じ鳥でも 種類によって 性能が違うのか〜
かっこいいよ〜
そういえば フクロウの目って ネコの目に似てる!
フクロウもネコも "夜"に特化した 動物だから どっちも 目が光るんだ!
目の光る動物は 暗闇でもよく 見えてるんだよ

先生！このフクロウは耳もネコみたいですね
あれはコノハズク！ネコ耳みたいだけど羽角《うかく》という羽なんだよ～
羽角
ミミズクやコノハズクはビックリしたときや警戒したときにシュッと細くなるんだ！
Before
After
シュッ
一瞬で痩せた——!!
羽角があると木の枝に同化して見えるでしょ
そうそう フクロウって横から見るとおもしろい顔の形だけど これは少しの音も漏らさず集めるための形で 聴覚はズバ抜けてる！
ミミズクの羽角はただの飾り羽だよ☆
この平面顔にそんな深い意味が!!
ただのぺたんこじゃないんだ
さらにフクロウの耳は左右非対称についていて音の場所を正確に把握して
距離までも推測できるから音を三次元でとらえることができるんだ！
その耳は雪の下にいる小動物が立てるかすかな音でも聞き分けるぐらいすごくて
フクロウはまさに夜のサイレントハンター!!
めっけ♥
!!
私はジゴク耳…
コマの外に出れば見つかるまいフフッ♥
フクロウ舎★見どころ
◎フワフワの羽毛
◎ネコのような目
◎平面な顔

Zoo Column

声あって姿なし。そんなフクロウを守りたい。

フクロウ観察なら神社がおすすめ(彼らは夜行性なので姿は見せてくれませんが)。境内の大きな御神木は巣作りに最適なのです。

冬は、耳のような細長い羽を頭部に持つトラフズク目当てで神社へ。群れでいることもあり、見られたら超ラッキー。彼らがいた木の下にたくさんのペリットが落ちているのを見たこともあります。よく見ると大きなネズミの骨が出てきてビックリ！

毎年6月はコノハズクの声を聞きに森へ。コノハズクは日本最小のフクロウで体長は20cmほど。繁殖のために夏だけ日本に渡り、冬は東南アジアで越冬します。日本ではえさとなる虫が少なくなるため、冬を越せないのです。

コノハズクはほとんど姿を見せませんが、「ブッポーソー」という鳴き声で存在がわかります。毎年、声を聞いていると年々数が減っていることを実感します。環境破壊や異常気象で命を落とすのでしょう。また、越冬地に帰ったと思ったら、求めていた森が消えていることもあるとか。さらに、大きな穴が開いた木がないと巣が作れないのにそういう木が減っていて……気の毒な話です。普段から人に姿を見せない彼らですが、なんとか守っていってあげたいです。

世界中で進化を続ける“飛びのプロ”！

コウモリ
Bat

空を飛べる哺乳類は、コウモリだけ。
飛んでいるときは超音波を飛ばしているため
真っ暗でも正確に自分の位置がわかるのです。

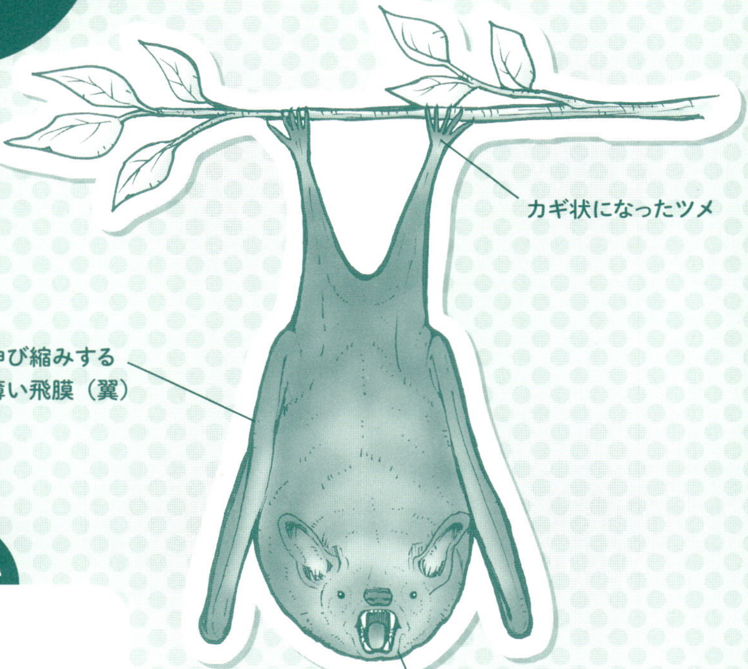
カギ状になったツメ
伸び縮みする
薄い飛膜（翼）
口か鼻から
超音波を出す

基本 DATA

【体長】
5cm 前後

【 体重】
10g 前後

【主な生息地（国）】
日本（コウモリ全種としては世界中）

※日本の動物園でよく見られる「アブラコウモリ」のデータです。

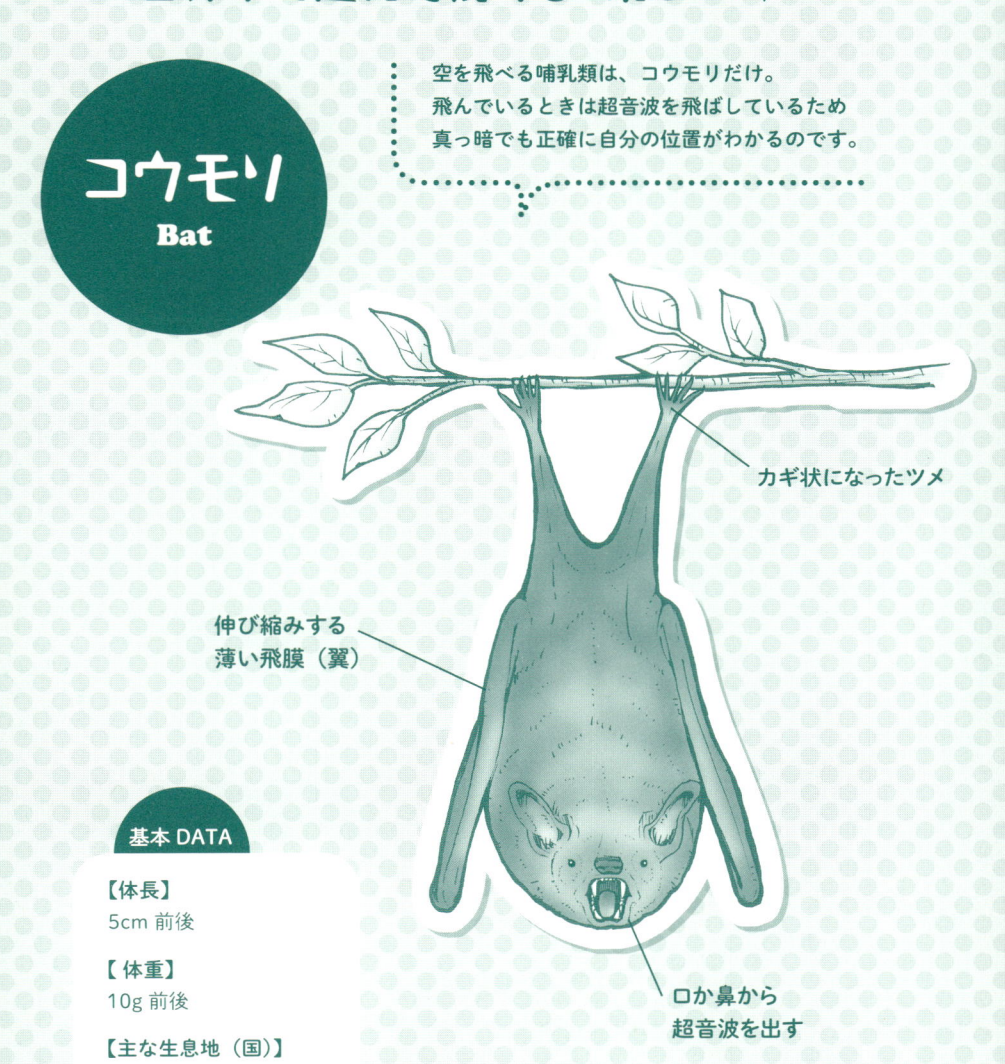

コウモリのこと、もっと詳しく見てみよう！

体

抜群の環境適応能力で世界中に分布

コウモリはさまざまな環境への適応性があるため、都会からジャングル、離島まで世界中に生息しています。その数は1000種を超え、哺乳類の種のなんと5分の1ほど。現在でもときどき新種が見つかっています。生息地やえさなどの環境によって大きさや羽の形、顔つきなどはさまざま。地味ながら興味深い存在です。

コウモリは空を飛べますが、鳥ではなく哺乳類。哺乳類の中で飛べるのはコウモリだけです。ムササビやモモンガ（★1）も飛んでいるように見えますが、羽ばたくのではなく、滑走、つまり高いところからゆっくりと降下しているだけなのです。

食事

効率的に飛ぶためだけに体が進化

コウモリの体をよく見ると、飛ぶために特化した構造であることがわかります。体は小型・軽量（★2）で翼があるため、風をとらえるのに最適です。これは鳥類も同様。

コウモリの翼（飛膜）は皮ふが伸びたもので、薄く骨も細くなっています。そのため傷つきやすいのですが、切れてもすぐにくっつきます。また、体を軽量化するために足の筋肉がほとんどありません。そのため歩くことがとても下手、立っていることも苦手です。また、横になると翼の飛膜が傷むため、休むときはぶら下がります。このとき使うのは足の筋肉ではなく指の筋肉だけ。また、ぶら下がり姿勢から足を使って弾みをつけたりせずに飛び立つこともできます。

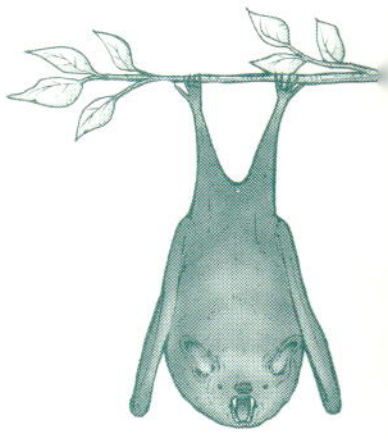

★1
ムササビとモモンガは同じリスの仲間に属する哺乳類。どちらも樹上生活をしており、木から木へと飛び移るために飛膜を広げて滑空します。

★2
翼を広げると1.5メートルを超えるものもいるオオコウモリなど、大型の種類もあります。

語れるウンチク & おもしろデータ集

吸血コウモリは日本にはいない！

日本にいるコウモリは、小笠原と南西諸島にいる2種類のオオコウモリ以外は、蚊や蛾などの虫を食べます。空を飛び回るのは昆虫を追いかけているからです。吸血コウモリは中南米にしかいません。

ぶら下がったまま赤ちゃんを産む

メスはおしっこやウンチのときもそうですが、翼のカギヅメでぶら下がり、おしりを下にして出産します。ですが、授乳は逆さにぶら下がったまま。不安定なスタイルになるため、赤ちゃんがしっかり乳首にくっついていられるように産まれたときから歯があります。

コウモリの膝は人間と逆向きに曲がる

飛膜は後ろ足までついているため、飛膜を広げるのにも足を使います。膝が人間と同じ向きに曲がると、風を受けて足の部分の飛膜が裏返ってしまい、うまく飛べません。そのため、向かい風を受ける方向（進行方向）に曲がるのです。ちなみに、獲物をつかまえるときも皮膜を網のようにして包み込むため、獲物がいる場所とは逆に曲がります。

省エネ生活の工夫と洞窟が好きなワケ

筋肉や脂肪を減らし体を軽くしたため、保温機能はありません。そのため、温度変化の少ない洞窟を好むのです。コウモリは恒温動物ですが、洞窟内では体温を10℃以下にまで下げることができます。動かず冷たいので死んでいるようですが、エネルギーを消費しない工夫です。

コウモリの超音波から発明されたアレコレ

コウモリの超音波をエコーロケーションといいます。これを応用したのが、潜水艦のソナーシステムや最近の車についている自動ブレーキなど。ですが、性能面でコウモリの超音波にはまったくかないません！

洞窟はコウモリの保育園

洞窟で生息しているコウモリは、群れの子どもたちを1ヶ所に集めており、さながら託児所のよう。親はものすごい数の中から、自分の子どもを超音波で見つけ出します。

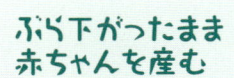

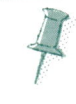

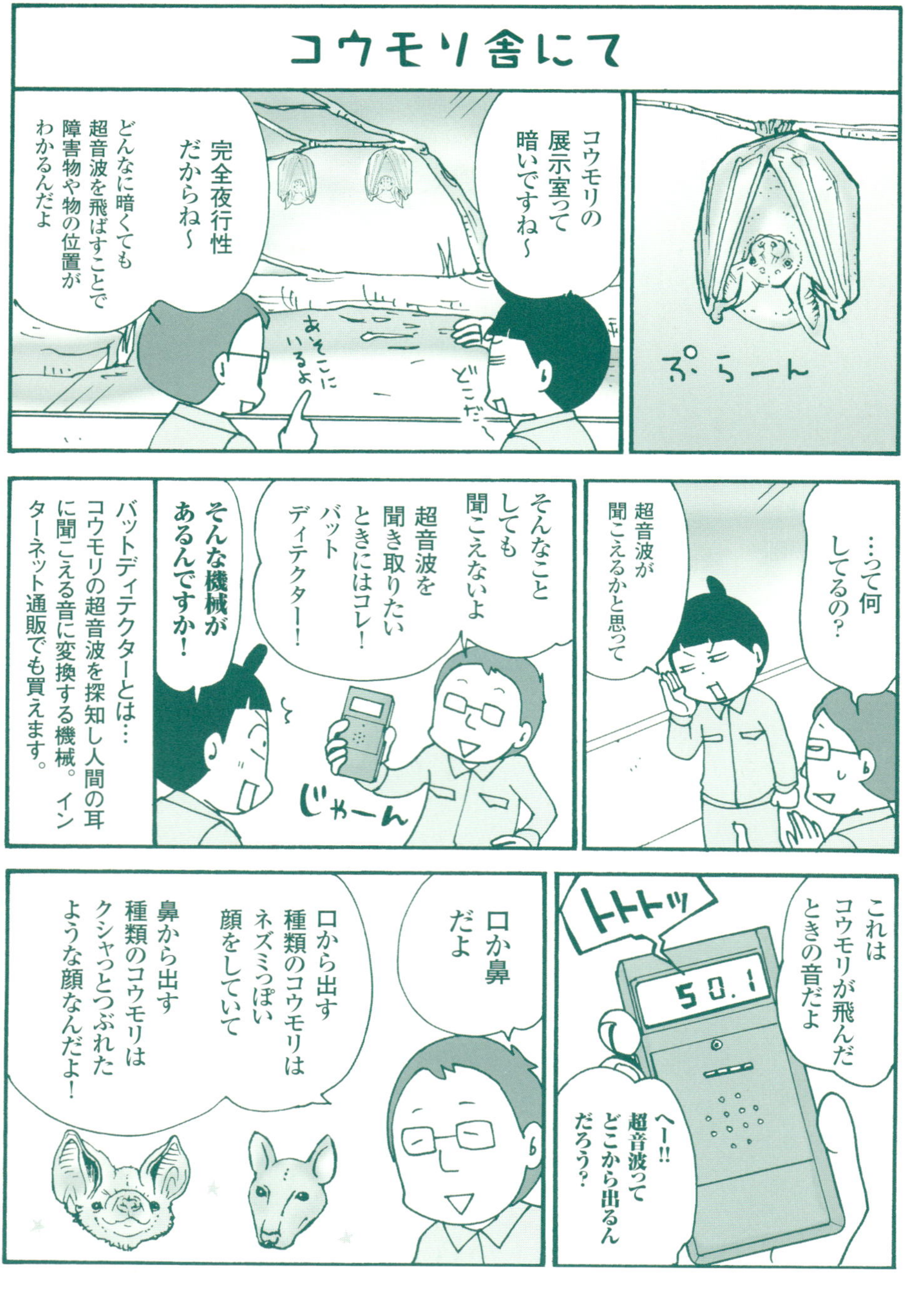
コウモリ舎にて
ぷらーん
コウモリの展示室って暗いですね〜
完全夜行性だからね〜
どんなに暗くても超音波を飛ばすことで障害物や物の位置がわかるんだよ
あそこにいるよ
どこだ〜
…って何してるの？
超音波が聞こえるかと思って
そんなことしても聞こえないよ
超音波を聞き取りたいときにはコレ！バットディテクター！
じゃーん
そんな機械があるんですか！
バットディテクターとは…コウモリの超音波を探知し人間の耳に聞こえる音に変換する機械。インターネット通販でも買えます。
トトトッ
50.1
これはコウモリが飛んだときの音だよ
へー!! 超音波ってどこから出るんだろう？
口か鼻だよ
口から出す種類のコウモリはネズミっぽい顔をしていて
鼻から出す種類のコウモリはクシャっとつぶれたような顔なんだよ！

中には
オオコウモリという
超音波を出さない
コウモリもいるんだ
種類によって
顔も大きさも
全然違う!!
コウモリって
小さいけどいかにも
人の血とか
吸いそう…
1000種類もいる
中で吸血コウモリは
3種類だけだよ!
それにチュウチュウ
吸わず少し皮ふを
傷つけて出てきた
血をなめるだけ
安心して!
コク…
動物園ではリンゴや
キウイ、バナナなどを
角切りにしてあげるんだ
フルーツは
クチャクチャ噛んで
果汁だけを飲んで
繊維などをペッと
吐き出すよ
ペッ
それにしても
コウモリって上手に
ぶら下がるんですね!
翼の指が指がカギ状になってて
ウンチやおしっこのときは
そのカギヅメでぶら下がるから
体にかからないんだ
プリッ
日本には
アブラコウモリが
多いけど
夜に野外でジュースの
空きビンの底を
発砲スチロールで
こすると超音波が出て
コウモリが寄ってくるよ!
こする
コウモリが飛んで
来たら帽子などを
投げると動くものに
反応して近くに
きてくれることも!
血を吸わないなら
怖くないです!
動物園ではやらないでね…
コウモリ舎★
見どころ
◎種類による
体や顔の違い
◎翼のカギヅメ
◎排泄の様子

Zoo Column

コウモリは吸血鬼ではなく福を呼ぶ縁起のいい動物だ！

日本でおなじみのアブラコウモリは、1日500匹もの蚊を食べてくれるありがたい生き物です。昔は「福を呼ぶ」「家を守る」などと言われていたのですが、映画『吸血鬼ドラキュラ』の影響で恐ろしい生き物のイメージがついてしまいました。

僕はこのアブラコウモリの赤ちゃんを育てたことがあります。親が亡くなってしまったため、保護されたのです。人工哺乳が終わったら、ミルワームという虫のえさに切り替え。1晩で体重の約半分の虫を食べていました。鼻はつぶれ鋭い歯を持った怪獣顔の大食いの生き物を育てるのは楽しい体験でした。

ところで、吸血性のコウモリは日本の自然にも動物園にもいません。彼らは血をなめるために特殊な機能を持っています。血管を探し出す温度センサーの役目をする鼻、血液凝固を防止する唾液、血を飲み込みやすい舌の溝などです。また、たくさんの血を飲むため、素早く必要な栄養素だけ吸収し、残りを排出できる胃と腎臓の機能なども備わっています。無駄なく合理的な体のつくりには感心します。それでも血を得るのは大変なので、仲間同士で飲んだ血液を吐き戻して分け与えているそう。グルーミング（毛づくろい）をし合ったりと、普段から助け合って生きているのです。

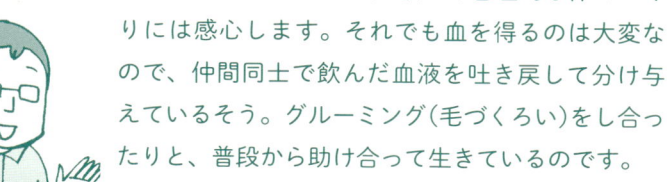

動物園で会いましょう！

レ
寝ても立っても
かわいいヤツ、それが
ッサーパンダ

シ
一番痛いのは
マウマの
噛みつき！
がぶっ

ハ
ぶあさっ
助走せずとも
フワリと浮かぶ
意外と軽い
シビロコウ
カッコイイよー

カ
おやつを両手
で受け取る
ンガルー
ハイどーぞ
リンゴでも
お食べ
萌え～

ラ
麻酔で眠らせ
スピード勝負の
イオンの
ツメ切り
バチン
バチン
獣医師って
大変……

オ
鼻をほじるし
雑誌をかぶるし
しぐさがお茶目な
ランウータン
ちーん
ほじ…

おわりに

僕の朝はみんなへのあいさつではじまります。
「おはよう！」

ヘビの「ジャック」は反応なし。
突っついてみて、生きているか確認。
えさのネズミが大きなウンチとなっている。
よしよし元気だ。
フトアゴヒゲトカゲの「アゴチン」は
立って寝るのが大好き。
僕の気配を感じて動きだした。
エボシカメレオンの「エボ吉」に
大きなコオロギをあげると、シュッ！
と、猛スピードで舌が20センチも伸びる。
ハムスターの「コロ」は昨晩
遊びすぎたのか、ねぐらから出てこない。
えさが減っているので元気なんだろう。
兄弟猫の「ラン」と「ロン」はトイレの確認。
トイレではなくその横の床に見事なウンチ。
マルチーズの「リリィ」も僕のあいさつを無視。
えさにしか反応しない現金なやつだ。

そのほかに亀、クワガタ、カブトムシなどなど……
全員元気だ。おはよう！

僕は生き物を見るとつい飼いたくなってしまいます。
子どものころから、不思議な形や
生態を観察するのが大好き。
なぜあんな形をしているのか、
なぜあんな食べ方をするのか、
考えるのが楽しく興味は尽きません。
ゾウの長い鼻、キリンの長い首など、
すべて動物の姿やしぐさには理由アリ。
僕の知っているネタをギュギュっと
詰め込んだのがこの本です。

動物の不思議の話は、読んで楽しいだけでなく
人に話して盛り上がる
魔法のコミュニケーション道具です。

そして動物園で家族みたいに大事に思う
動物を見つけ、その成長を楽しみにすることは
家族が増えるような喜びがあります。
健全な動物愛護の心って
こういうものかもしれません。

北澤功

監修
北澤《きたざわ》 功《いさお》

長野県長野市生まれ。酪農学園大学獣医学科卒業。長野市茶臼山動物園、長野市城山動物園勤務を経て、2010年、東京都大田区に『五十三次どうぶつ病院』を開業。いろいろな生き物に噛まれたり、蹴られたり、注射針を動物から刺されたり、謎の病気をうつされたりしながらも、動物の生態研究に没頭している。

イラスト・漫画
犬養《いぬかい》 ヒロ

本書のイラスト・漫画を担当。動物好きが高じて愛玩動物飼養管理士・ペット栄養管理士の資格を取得し、動物病院に勤めた経験もある。犬、猫、ハムスターに加え、保護したカラスを飼った経験まで。

編集・執筆　木村悦子（ミトシロ書房）
カバー・本文デザイン　吉田ルミ（avec 1 œuf）
進行　打木 歩

獣医さんだけが知っている
動物園のヒミツ
人気者のホンネ

2016年2月20日　初版第1刷発行

監修者　北澤 功
編集人　井上祐彦
発行人　穂谷竹俊
発行所　株式会社日東書院本社
〒160-0022 東京都新宿区新宿2丁目15番14号 辰巳ビル
TEL 03-5360-7522（代表）
FAX 03-5360-8951（販売部）
URL　http://www.TG-NET.co.jp
印刷所　三共グラフィック株式会社
製本所　株式会社セイコーバインダリー

※本書の内容に関するお問い合わせは、メール（info@TG-NET.co.jp）にて承ります。
恐縮ですが、お電話でのお問い合わせはご遠慮ください。

ISBN 978-4-528-02077-1　C0045